信阳市中深层地下水资源调查评价与应用研究

潘风伟　上官宗光　谈　兵　梁德友
董君杰　李谥佳　孔　袁　黄　勇　编著

黄河水利出版社

· 郑　州 ·

内容提要

本书在系统收集整理信阳市境内地质、水文地质、水文水资源等研究成果的基础上,开展了中深层地下水水文地质补充调查、地下水水位统调、开采量调查、抽水试验、地下水位动态观测、水样采集与测试等工作,揭示了信阳市中深层地下水的水文地质条件和运行变化规律。在此基础上,进行了信阳市中深层地下水资源评价、水化学特征及水质评价、开发利用现状及潜力分析。

本书可供从事水资源开发利用、环境保护、水资源保护规划、地下水监测站网建设、应急水源地勘察的各级管理人员和专门从事地下水开发、研究的有关工程技术人员使用,并可作为高等院校有关专业的教学参考书。

图书在版编目(CIP)数据

信阳市中深层地下水资源调查评价与应用研究/潘风伟等编著.—郑州:黄河水利出版社,2023.9
ISBN 978-7-5509-3664-5

Ⅰ.①信… Ⅱ.①潘… Ⅲ.①水资源-资源调查-信阳②水资源-资源评价-信阳 Ⅳ.①TV211.1

中国国家版本馆 CIP 数据核字(2023)第 148814 号

策划编辑:张倩 电话:13837183135 QQ:995858488

责任编辑	张 倩	责任校对	兰文峡
封面设计	张心怡	责任监制	常红昕

出版发行 黄河水利出版社
地址:河南省郑州市顺河路 49 号 邮政编码:450003
网址:www.yrcp.com E-mail:hhslcbs@126.com
发行部电话:0371-66020550
承印单位 河南匠心印刷有限公司
开 本 787 mm×1 092 mm 1/16
印 张 9.5
字 数 220 千字 印 数 1—1 000
版次印次 2023 年 9 月第 1 版 2023 年 9 月第 1 次印刷
定 价 78.00 元

目　录

1　绪　言

1.1　目标与任务

1.1.1　目标

查清信阳市中深层地下水的水位、水质、开采量及应用,分区域进行中深层地下水资源量评价和开采潜力分析,为后续的中深层地下水开发利用与保护规划提供基础资料。

1.1.2　任务

主要任务如下:

(1)充分收集区内涉及中深层地下水勘察、开发、监测、管理和保护等各方面的资料,并对资料进行综合分类整理。

(2)通过水文地质调查、抽水试验、野外水位调查和水质取样分析,查明中深层地下水含水层特征、富水性、流场、水质特征等。

(3)在现有统计资料基础上,对工作区内的中深层开采井进行逐县(市、区)调查。主要调查开采井的水位、水质、开采量、用途及存在的问题。

(4)提出中深层地下水资源合理开发利用与保护对策、建议,为区域社会经济可持续发展提供依据。

(5)对收集和调查取得的资料进行综合研究,分区域进行中深层地下水评价,形成成果。

1.2　工作范围与研究对象

本次工作是在开展全市松散岩类地下水水文地质条件及其开发利用现状调查工作的基础上,编写《信阳市中深层地下水资源调查评价与应用研究》。调查评价工作范围为信阳市松散岩类地下水分布区,总面积约 11 800 km²(其中中深层地下水分布面积 7 434.93 km²)。研究对象为信阳市松散岩类中深层地下水资源,主要为埋藏于地表下 50~350 m 的松散岩类孔隙水。

1.3　水平年

根据《供水水文地质勘察规范》(GB 50027—2001)、《水文地质调查规范》(DZ/T 0282—2015),结合信阳市地下水资源及其开发利用现状,现状水平年为 2020 年。

1.4　地理交通概况

信阳是国家重要的综合交通通信枢纽,中原和河南的"南大门",华东、华西进出河南的重要通道,交通便利,区位优越。全市铁路有京港高铁、京广、京九、宁西四条国家级铁路大动脉,通车总里程 550 km;高速公路有京港澳高速、沪陕高速、大广高速三条国家级高速公路,通车里程 440 km;公路通车总里程 25 798 km。信阳北距郑州 300 km,南距武汉 200 km,东距合肥 346 km,西距西安 534 km,处在几个省会城市的中间位置,是全国 44 个交通枢纽城市之一。信阳市交通位置见图 1-1。

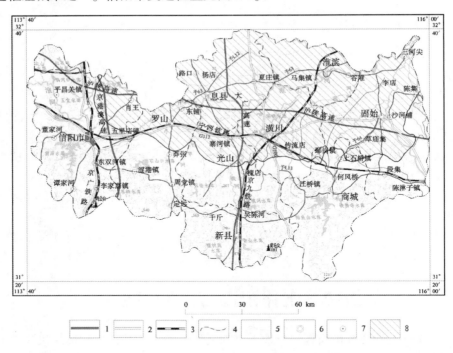

1—高速公路;2—国道;3—铁路;4—县界;5—河流;6—县(市、区);7—乡(镇);8—工作区范围。

图 1-1　信阳市交通位置

1.5　社会经济概况

信阳市下辖 2 区 8 县:浉河区、平桥区、固始县、潢川县、光山县、息县、新县、罗山县、商城县、淮滨县。全市总面积 18 908 km²,总人口 887.92 万人(含固始县),其中常住人口

646.39 万人。

2020 年,初步核算,全年全市生产总值 2 805.68 亿元,按可比价格计算,比 2019 年增长 2.1%。其中,第一产业增加值 536.95 亿元,增长 2.1%;第二产业增加值 999.30 亿元,增长 2.7%;第三产业增加值 1 269.43 亿元,增长 1.5%。全市三次产业结构为 19.1∶35.6∶45.3。

市场物价温和上涨。全年居民消费价格总水平比 2019 年上涨 2.8%。其中,城市上涨 3.3%,农村上涨 2.6%。商品零售价格上涨 1.4%,农业生产资料价格上涨 1.8%。

全年地方财政总收入 180.53 亿元,与 2019 年持平。一般公共预算收入 121.35 亿元,增长 2.0%。一般公共预算支出 529.52 亿元,增长 2.0%。社会保障和就业支出 80.08 亿元,增长 0.6%。

1.6 地质、水文地质与水资源规划管理工作研究程度

地质部门曾做过大量的基础地质、矿产地质和水文地质勘察评价工作,各级水行政主管部门也曾做过大量水资源调查评价和规划管理工作,取得了较为丰硕的研究成果,积累了大量的资料,为本次编写工作奠定了坚实的基础,现将主要成果按编制时间和所属类别分别简要叙述如下。

1.6.1 地质工作成果

1.6.1.1 河南省基岩地质图及说明书
20 世纪 60 年代河南省地质局编制了河南省第一代基岩地质图,至 20 世纪 90 年代末期又相继编制了三代河南省地质图及其他专项地质图件。

1.6.1.2 河南省构造体系图及说明书
1979 年河南省地质局地质科学研究所编制了河南省构造体系图及说明书。

1.6.1.3 河南省区域地质志
1992 年河南省区域地质测量队编制了《1∶50 万河南省区域地质志》。成果详细研究了河南省地质条件,对地层划分、地层岩性、特征及分布进行了详细论述,对大地构造格局、地质构造发育、分布及特征也进行了详细研究。

1.6.1.4 桐柏幅和信阳幅 1∶20 万地质图、矿产图及说明书
1968 年、1980 年河南省地质局区域地质测量队编制了桐柏幅和信阳幅 1∶20 万地质图、矿产图及说明书,涵盖了本次工作区的大部分。两项成果在河南省地质图编制的基础上,对桐柏幅和信阳幅范围内的地质条件进行了进一步的分析研究。

1.6.1.5 1∶5 万游河幅(I49E023024)、浉河港幅(I49E024024)和信阳市幅(I50E024001)地质图及说明书
1996 年河南省地质局第三地质调查队完成了 1∶5 万游河幅(I49E023024)、浉河港幅(I49E024024)和信阳市幅(I50E024001)地质图及说明书,对三个图幅范围内地质条件进行了大比例尺、更详细的研究。三项成果涵盖了本次工作区的部分,为本次工作提供了较完整、详细的区域地质构造资料。

1.6.1.6　1:25万信阳市幅地质图及说明书

2015年河南省地质调查院完成了1:25万信阳市幅地质图及说明书。涵盖了本次工作区的部分,为本次调查工作提供了较完整、详细的区域地质构造资料。

1.6.2　水文地质工作成果

1.6.2.1　河南省水文地质图及说明书

河南省地质局分别于1972年、1978年及2001年编制了第一、二、三代1:50万河南省水文地质图及说明书,对河南省水文地质条件、地下水系统进行了详细研究,对地下水资源进行了分类评价,提出了地下水资源可持续利用对策。第四代1:50万河南省水文地质图及说明书的编制工作由河南省地质环境监测院承担,于2017年提交。

1.6.2.2　1:20万水文地质普查工作

河南省地质局第三水文地质队于1989年、1993年分别完成了国际分幅的桐柏县幅[I-49-(36)]、信阳市幅[I-50-(31)]、固始县幅[I-50-(32)]及随县幅、新县幅、商城幅1:20万水文地质普查工作,对6个图幅的区域地质背景、水文地质条件等进行了较详尽的研究,为本次工作提供了翔实的水文地质基础资料。

1.6.2.3　河南省地下水资源评价报告

2002年,河南省地质环境监测总站提交了《河南省地下水资源评价报告》,详细阐述了河南省地下水系统形成条件,首次划分了地下水系统,论述了含水层系统和地下水流动系统特征及水化学特征,依据动态的、系统的观点重新评价了地下水资源,首次进行了地下水系统水质评价、地下水脆弱程度评价,对地下水资源的开发利用现状、供需平衡分析及开发利用对策等进行了预测评价和积极探讨。

1.6.2.4　淮河流域(河南段)环境地质调查报告

2006年,河南省地质调查院提交了《淮河流域(河南段)环境地质调查报告》,对淮河流域(河南段)的地质构造、含水层分布、水质污染、地下水资源量、水位、开采量等进行了详细论述。

1.6.2.5　河南省地下水质量调查报告

2007年,河南省地质环境监测院提交了《河南省地下水质量调查报告》,对河南省的地下水质量进行了系统评价。

1.6.2.6　河南平原地下水潜力调查与可更新能力调查评价报告

2011年,河南省地质环境监测院提交了《河南平原地下水潜力调查与可更新能力调查评价报告》,对河南省平原区的地下水资源状况、开发利用潜力及循环更新能力等进行了系统评价。

1.6.2.7　河南省中深层地下水开发利用调查报告

2016年,河南省郑州地质工程勘察院提交了《河南省中深层地下水开发利用调查报告》,在基本查明河南省中深层地下水开发利用现状、历史演变及存在问题的基础上,对中深层地下水资源的数量、分布状况、水质状况、开采情况和资源潜力等进行了系统评价。

1.6.2.8　河南省地下水资源图

2016年,河南省地质环境监测院提交了《河南省地下水资源图》及说明书。该成果是在 2002 年出版的《河南省 1:500 000 水文地质图》和《河南省地下水资源评价报告》的基础上,结合近 10 年来的气象水文资料,系统分析地下水开发利用、地下水化学特征变化、地下水资源勘察评价、地下水动态监测等成果,编制出新版的河南省地下水资源图及说明书。

1.6.3 水资源规划管理工作成果

1.6.3.1 河南省水资源保护规划报告

2014 年,河南省水文水资源局提交了《河南省水资源保护规划报告》,从现状调查与评价、总体规划与布局、规划措施制定、规划实施意见及近期项目投资估算、水资源保护综合管理、规划实施效果评价和保障措施制定等方面对河南省水资源保护工作进行了系统规划。

1.6.3.2 河南省地下水超采区评价报告

2014 年,河南省水文水资源局提交了《河南省地下水超采区评价报告》(评价期为 2001~2010 年),对全省地下水超采区进行了全面划定和综合评价。

1.6.3.3 河南省中深层地下水开发利用保护规划报告

2017 年,河南省地质局第二地质环境调查院提交了《河南省中深层地下水开发利用保护规划报告》。该成果通过科学划分规划单元,提出中深层地下水保护目标、保护方案和保护措施,对河南省中深层地下水开发利用与保护工作进行总体规划。

以上成果为认识本区地质、水文地质、水资源条件,了解本区水资源规划管理现状积累了宝贵资料,为信阳市中深层地下水资源调查评价与应用研究工作的开展奠定了良好基础。

1.7 基础工作概况及质量评述

1.7.1 基础工作概况及进展

基础工作由河南省郑州地质工程勘察院选调 11 名水工、环境、地质专业的技术人员组建了项目部,投入车辆 3 台、司机 3 名、各类仪器设备 12 台(套),根据工作需要,在项目部内部下设了野外调查组、研究分析与基础工作报告编制组和图件制作组,各组之间既分工明确,又团结协作,确保优质、高效地完成工作任务。

基础工作具体划分为 3 个工作阶段,分别为实施方案编制及野外调查工作准备阶段、野外调查阶段、综合研究与基础研究报告编制阶段。现将各工作阶段的时间安排和工作开展情况简述如下。

1.7.1.1 实施方案编制及野外调查工作准备阶段

组织专业人员编制《信阳市中深层地下水调查评价实施方案》,积极筹备野外调查工作所需设备、物品,落实参与项目的人员;对参加项目野外调查的技术人员进行了野外调查工作重点、技术要求和安全教育培训,为开展野外工作做好准备。

1.7.1.2 野外调查阶段

安排 2 个野外调查小组,以县级行政区为单元,对工作区内水文地质条件及其开发利用情况进行调查,开展了区域水文地质补充调查、地下水位统调、开采量调查、抽水试验、地下水位动态观测、水样采集与测试等工作;收集了相关的技术、规划和管理等成果资料,及时进行了分类、分析与整理。

1.7.1.3 综合研究与基础研究报告编制阶段

安排 3 人进行专项研究,2 人负责相关图件制作,1 人负责成果报告的汇总与校对。主要完成了地下水资源数量、质量、可开采量等的分析、计算与评价;地下水资源开发利用状况的分析与评价;提出合理化建议等工作。

工作量完成情况见表 1-1。

表 1-1 工作量完成情况

序号	工作内容	精度、类别	设计工作量	完成工作量	完成比例/%
1	资料收集		16 份	20 份	125
2	区域水文地质补充调查	1:200 000	7 160 km²	11 800 km²	165
3	地下水开发利用现状补充调查		7 160 km²	7 434.93 km²	104
4	地下水位统测	误差±2 cm	中深层 200 点次	中深层 202 点次 浅层 85 点次	144
5	抽水试验	稳定流	90 台班/15 组	90 台班/15 组	100
6	地下水位动态观测	6 次/月	270 点次/15 点	270 点次/15 点	100
7	水样采集与测试	常规分析	30 组	30 组	100
8	图件制作	1:200 000	5 幅	8 幅	160
9	综合研究及编写评价报告		1 份	1 份	100

1.7.2 工作质量评述

依据《水文地质调查规范》(DZ/T 0282—2015)、《供水水文地质勘察规范》(GB 50027—2001),在充分收集前人研究工作成果的基础上,结合本次工作实际,通过区域水文地质补充调查、地下水开发利用现状补充调查、地下水位统测、水样采集与测试、抽水试验、地下水位动态观测等工作手段,基本查明了信阳市中深层地下水的现状开采量、水质状况、流场特征和开发利用过程中存在的问题。在此基础上,进行了地下水资源量和可开采资源量的计算,并提出中深层地下水资源合理开发利用与保护对策、建议,满足规范、实施方案的要求。

1.7.2.1 资料收集

收集基础地质类图件及说明书 6 套,水文地质类技术报告 7 份,水文水资源类技术报告 7 份、图件及说明书 1 套,降雨量和蒸发量(1956~2019 年)资料各 1 份,水资源公报(2010~2019 年)10 份,统计年鉴(2019 年)1 份,信阳市地下水监测资料(2017~2020 年)4 份,信阳市节约用水和水资源管理办法各 1 份。综合研究与报告编制阶段对所收集资料进行系统分类、整理与分析的结果表明,所收集的资料能够满足调查评价工作的需要。

1.7.2.2 区域水文地质补充调查

水文地质补充调查,选用 1:20 万地形图作底图,采用 GPS 进行定位,以县级行政区为基本调查单元,主要调查了解区内地形地貌、地层岩性、地质构造、河流、水库等影响地下水形成的因素,完成 1:20 万水文地质调查面积 11 800 km²,共完成调查路线 25 条,测绘点 238 个。其中:中深层地下水调查点 147 个,浅层地下水调查点 85 个,河流调查点 4 个,水库调查点 2 个。基本查明了含水层的分布规律、埋藏条件及各含水层之间的水力联系;基本掌握了地下水补给、径流、排泄条件及动态变化规律。调查研究了地下水系统的边界条件,划分了地下水系统。

1.7.2.3 地下水开发利用现状补充调查

在深入分析已有开发利用资料的基础上,对工作区所涉及的县、区进行地下水开采量补充调查,主要调查对象为城镇集中供水水源地、农村安全饮用水供水井和自备井等。共完成调查面积 7 434.93 km²,涉及 100 多个乡(镇)。据本次调查,信阳市开采中深层地下水的水厂数量在 300 个以上,加之部分地区农业灌溉井的开采,中深层地下水开采量较大。

1.7.2.4 地下水位统测

对区内的地下水位进行了 2 次统测,分别对浅层水和中深层水的水位进行了测量,测量点布设基本实现了均匀分布,共完成水位统测 287 点次,其中浅层孔隙水 85 点次,中深层孔隙水 202 点次。测量精度基本能够达到各分区地下水的流场变化特征的要求。

1.7.2.5 水样采集与测试

依据《水文地质调查规范》(DZ/T 0282—2015)和水质评价工作的需要,共采集中深层地下水水样 30 组。

采样前,用 GPS 对取样点进行了定位,在记录卡备注栏注明了位置,填写了取样记录表。在水井中采集水样时,用所采水样将盛样瓶冲洗 3 次后装入水样,分别加入相应的稳定剂,然后密封,并在瓶上贴上标签。填好分析送样单,在规定的时间内,安全送抵实验室进行水质测试。

检测方法为常规水质分析,分析项目为色、嗅和味、浑浊度、肉眼可见物、pH、氯离子、硫酸根、碳酸氢根、碳酸根、氢氧根、钾离子、钠离子、钙离子、镁离子、总硬度、溶解性总固体、氨氮、铁、碘、砷、硝酸根、亚硝酸根、氟化物、耗氧量、硒、铬(六价)共 26 项。

水质测试分析工作由河南省地质工程勘察院实验室承担,该测试分析单位具有国家认证资质,取得的水质测试结果安全可靠。

1.7.2.6 抽水试验

依托工作区内的现有开采井,在不同的水文地质单元内,共进行了 15 组单孔稳定流抽水试验。抽水试验时,动水位和出水量观测时间,在抽水开始后 1 min、2 min、3 min、4 min、6 min、8 min、10 min、15 min、20 min、25 min、30 min、40 min、50 min、60 min、80 min、100 min、120 min 各观测一次,以后可每间隔 30 min 观测一次。水温、气温每间隔 2 h 同步测量一次。水位、水量的观测,采用同一方法和工具,抽水孔的水位测量读数精确到 0.10 cm;出水量的测量采用水表读数,精确到 0.01 m³。抽水试验的延续时间均大于 24 h。抽水试验停止后,测量抽水孔的恢复水位,观测频率同抽水观测。本次抽水试验的操作过程和试验结果符合《供水水文地质勘察规范》(GB 50027—2001)的相关要求。

1.7.2.7　地下水位动态观测

为查明工作区地下水位动态变化规律,在不同水文地质单元内,共布设了中深层地下水位观测点 15 个。观测频率为每月 6 次,观测周期为 3 个月。由于此项工作持续时间长,安排了专人监测,期间项目组还进行了不定期的复测检查,数据真实可靠。

1.7.2.8　综合研究

对收集和实测资料进行及时整理、分析,绘制分析性曲线和图件,及时整理已取得的各项资料,按照调查试验→计算评价→综合分析→提出建议的技术思路,系统完成了全市水文地质条件调查与试验、开发利用现状调查,分区进行地下水资源量的计算与评价,中深层地下水资源的潜力分析,有针对性地提出了中深层地下水资源的合理开发利用与保护的对策、建议。

2 自然条件与地质概况

2.1 气象水文

2.1.1 气象

信阳市属亚热带向暖温带过渡型气候,四季分明,其主要特点是春温多变,雨水充沛;夏热多雨,暴雨常现;秋凉晴和,降水适中;冬长寒短,雨雪并降。气象要素随着季节不同而变化。降水量年际变化显著,年内分配不均,一般集中在 5~8 月,占全年总降水量的59%。5~8 月蒸发量大,一般月计在 90 mm 以上,12 月至翌年 2 月蒸发量小,一般月计在40 mm 以下。

本次评价,共选用符合要求的雨量站点 78 个。

本次降水量评价,采用水资源四级区套县级行政区作为最小计算单元,水资源四级区套县级行政区共有 19 个小单元,在单站降水量计算成果的基础上,采用泰森多边形法,计算每个小单元的面平均水量,进而求得县级行政区、水资源各级分区、信阳市面平均雨量。

本次评价,1956~2016 年 61 年系列,全市多年平均降水量为 1 091.3 mm,相比二次评价(1956~2000 年)的 1 105.4 mm 减少 1.28%。

本次评价,1956~2000 年 45 年系列,全市多年平均降水量为 1 103.2 mm,与相同系列的二次评价成果相比较,偏差仅 0.2%。

本次评价,1980~2016 年 37 年系列,全市多年平均降水量为 1 090.7 mm,比二次评价成果偏少 1.33%。

全市多年平均降水量统计见表 2-1。

表 2-1 全市多年平均降水量统计

流域名称	三级区名称	面积/km²	本次评价成果		
			1956~2016 年	1956~2000 年	1980~2016 年
淮河	王家坝以上北岸	2 389	934.9	926.3	949.6
	王家坝以上南岸	11 856	1 098.1	1 115.9	1 089.0
	王蚌区间南岸	4 243	1 141.9	1 146.8	1 158.5
长江	武汉至湖口左岸	420	1 276.8	1 311.3	1 259.1
全市		18 908	1 091.3	1 103.2	1 090.7

2.1.2　水文

2.1.2.1　河流

信阳河流众多,分属长江、淮河两大流域。其中,淮河流域面积占全市总面积的 98.2%,长江流域面积仅占 1.8%。淮河自西向东横贯全境长 363.5 km,流域面积在 1 000 km² 以上的较大支流 10 条,流域面积在 100 km² 以上的支流 49 条,流域面积在 50 km² 以上的支流 126 条。属长江流域的主要是源于大别山主脊南侧的十几支源头细流,河道陡浅,蜿蜒南流,境内流程总长 83.7 km。主要河流自西向东依次为淮河、浉河、竹竿河、小潢河、白露河、史灌河等(见图 2-1)。

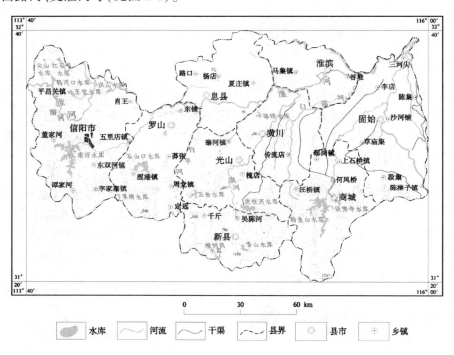

图 2-1　信阳市水系

(1)淮河。发源于桐柏山主峰太白顶北麓,自西向东流经全境,河道宽阔,两侧支流发育多,为常年性河流。多年平均流量 39.09 m³/s,多年平均径流量 12.34 亿 m³,最大流量 7 570 m³/s(1968 年 7 月 15 日),最小流量 0(1968 年 6 月 7 日,长台关站)。

(2)浉河。发源于信阳市鸡公山,境内全长 77 km,流域面积 1 339 km²,为常年性河流。多年平均流量 14.60 m³/s,多年平均径流量 4.63 亿 m³,最大流量 239 m³/s(1959 年 7 月 6 日),最小流量 0(1984 年 1 月 1 日,南湾站)。

(3)竹竿河。发源于湖北省大悟县五岳山东南麓,蜿蜒流经大悟县丰店、宣化 2 个镇 20 余村,至宣化陶家湾出境入河南省信阳市,为罗山县、光山县界河,最终注入淮河,全长 120 km。

(4)小潢河。发源于新县万子山,流经新县县城、浒湾、光山泼河、光山县城、潢川卜塔集、谈店、来龙、上油岗、踅孜等乡镇。小潢河全长 140 km，流域面积 2 400 km²，至潢川县踅孜镇两河村入淮河，多年平均径流量 12 亿 m³，最大流量 3 726 m³/s（1968 年），最小流量 0，河道纵坡降约 1.18‰。

（5）白露河。白露河是淮河的一级支流，在白雀园境内也称双轮河，发源于新县小界岭，流经新县的沙窝镇，进入白雀园境内，经白雀园镇进入潢川县，至淮滨县入淮河，全长 150 km，白露河河床为砂质，河床深约 4 m，最大洪峰流量为 808 m³/s，平均流量为 4.74 m³/s。白露河有小汪河、龙山河、管家河、小沙河、桂家河、小河等支流。

（6）史灌河。淮河一级支流史灌河发源于安徽省金寨县，流经安徽省金寨县、霍邱县和河南省商城县、固始县，全长 211 km，流域面积 6 889 km²，呈南北向，在淮河三河尖水文站处汇入淮河。史灌河上游分为灌河和史河两个分支，以史河为主干。灌河发源于河南省商城县，流经河南省商城县和固始县，全长 164 km，流域面积 1 650 km²，在固始水文站下游汇入史河。史河发源于安徽省金寨县，流经安徽省金寨县、霍邱县和河南省固始县，史河上游建有梅山大型水库一座和红石嘴、黎集二座拦河枢纽，红石嘴至蒋家集站区间有长江河、羊行河、急流涧河、石槽河等较大支流汇入。

2.1.2.2 水库

全市先后建成各类水库 1 082 座（大型 6 座、中型 15 座、小型 1 061 座），大中型拦河枢纽 17 座，加上 20 多万处塘湖堰坝，总蓄水能力达 60 亿 m³。其中大型水库 6 座，为出山店水库、南湾水库、石山口水库、五岳水库、泼河水库和鲇鱼山水库。简要介绍如下：

（1）出山店水库。出山店水库规划坝址在淮河干流的信阳市浉河区游河乡出山店村。坝址以上至淮河发源地河道长 100 km，水库控制流域面积 2 900 km²，总库容 12.51 亿 m³。主坝长 3 690.57 m（其中混凝土坝长 429.57 m，土坝长 3 261 m），最大坝高 34.5 m。设计灌溉面积 50 万亩❶，水电装机 2 900 kW，工程投资约 98.696 亿元。是一座以防洪、灌溉、供水为主，结合发电、水产养殖、旅游、航运等综合开发利用的国家大型水库。2019 年 5 月正式下闸蓄水。水库建成后，可使淮河干流上游防洪标准由不足 10 年一遇提高到 20 年一遇，可保护下游 170 万人口和 220 万亩耕地，年均减灾效益 4.3 亿元，水资源直接效益 2 亿元。该水库对于控制上游山区洪水、提高下游河道防洪标准、充分利用水资源促进当地经济发展具有十分重要的作用。建成后，出山店水库每年可开发利用水资源约 3.5 亿 m³，每年可提供工业和生活用水 0.9 亿 m³。可新增灌区旱涝保收田 42 万亩，年均灌溉及供水直接效益 2.64 亿元。

（2）南湾水库。南湾水库位于淮河上游右岸的支流浉河上，大坝距市区中心 5 km，是中华人民共和国成立后首批兴建的大型治淮骨干工程，以防洪、灌溉、城市供水为主。南湾水库工程于 1952 年开工，1955 年 11 月建成并投入使用。水库工程除险加固按 1 000 年一遇洪水设计，设计洪水位 108.89 m；按 10 000 年一遇洪水校核，校核洪水位 110.56 m，总库容 13.55 亿 m³。水库设计合理，施工质量优良，经 53 年运用，2007 年 7 月 14 日达历史最高水位 105.89 m，库容 8.807 8 亿 m³。经鉴定可按 10 000 年一遇标准运用。具有防洪、灌溉、城市供水、发电、养殖、航运及旅游等多种功能，是全国大型Ⅰ类水库，也是河

---

❶ 1 亩 = 0.067 hm²，下同。

南省最大的水库,灌区设计灌溉面积 112 万亩,电站装机 4 台容量 6 800 kW,可养殖水面 8 万亩。现为信阳市城区唯一供水水源,供水量为 26 万 m³/d。

(3)石山口水库。位于河南省罗山县竹竿河支流小潢河上游,流域面积 306 km²,是一座以灌溉、防洪为主,结合发电和养殖综合利用的丘陵区水库。水库于 1959 年 1 月动工兴建,1969 年建成。水库原按 100 年一遇洪水设计,1 000 年一遇洪水校核。"75·8"洪水后按可能最大洪水(PMF)进行加固,设计洪水位 80.6 m,校核洪水位 84.52 m,总库容 3.72 亿 m³。

(4)五岳水库。位于河南省光山县,是一座以灌溉为主,结合防洪、养鱼、发电等综合利用的水利工程。1966 年 11 月动工,1970 年 1 月大坝建成,1972 年溢洪道、输水洞等相继完成。水库原防洪标准为百年设计,千年校核,水库现防洪标准为 100 年一遇设计,设计洪水位 89.88 m,10 000 年一遇校核,校核洪水位 91.38 m,总库容 1.2 亿 m³。

(5)泼河水库。于 1960 年动工兴建,1972 年竣工。泼河水库地处大别山北麓,坐落在淮河水系潢河右支泼陂河上,距光山县泼陂河镇 3 km,是淮河上游一座以防洪、灌溉为主,兼顾养鱼、发电、城镇供水和水利风景旅游等综合利用的大型水利工程。水库控制流域面积 222 km²,总库容 1.5 亿 m³,库水面 1.7 万亩。

(6)鲇鱼山水库。位于河南省信阳市商城县城西南 5 km 处。1970 年 3 月动工,1973 年竣工,1976 年建成投入使用,水库坝址在淮河支流史灌河西支流灌河上。水库库区长 38 km,控制流域面积 924 km²,总库容 9.16 亿 m³,功能以防洪、灌溉为主,兼顾发电、航运、养殖、旅游等功能。

2.2 地形地貌

信阳市地处豫南山地和淮河平原的过渡地带,南依蜿蜒起伏的大别山山脉,北接宽阔平坦的淮河平原。南部以山地为主,最高山峰为位于商城县东南的金刚台,海拔 1 584 m;北部以冲积、冲湖积平原为主,地势微倾斜,地面标高一般为 22~62 m,最低处位于固始县的三河尖镇,海拔 22 m;在低山与平原之间,分布着高低起伏的丘陵和倾斜平原。根据地貌形态特征、成因类型及现代物理地质作用等,划分为山地、丘陵和平原等三大地貌类型。具体又分为侵蚀剥蚀中山、侵蚀剥蚀低山、侵蚀剥蚀丘陵、冲洪积倾斜平原、冲积平缓平原和谷地、冲湖积低平缓平原等六种地貌类型(见图 2-2)。现将主要地貌形态分布情况分述如下。

2.2.1 山地(Ⅰ)

2.2.1.1 侵蚀剥蚀中山(Ⅰ₁)

侵蚀剥蚀中山(Ⅰ₁)仅分布在商城县东南金刚台紧邻省界附近,面积约 23.48 km²,占全市总面积的 0.12%。最高峰金刚台海拔 1 584 m,组成岩性主要为花岗岩。

2.2.1.2 侵蚀剥蚀低山(Ⅰ₂)

侵蚀剥蚀低山(Ⅰ₂)仅分布在浉河区、罗山县、新县、商城县和固始县的南部,紧邻省界一带,面积约 1 078.43 km²,占全市总面积的 5.71%。山地坡度较陡,一般为 30°~70°,

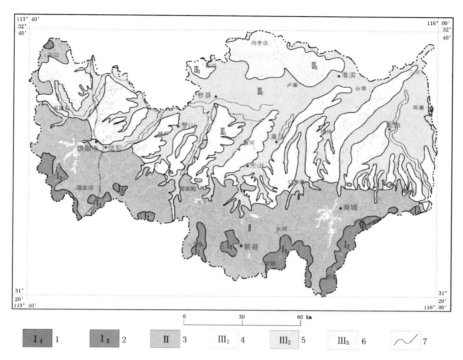

1—侵蚀剥蚀中山;2—侵蚀剥蚀低山;3—侵蚀剥蚀丘陵;4—冲洪积倾斜平原;
5—冲积平缓平原和谷地;6—冲湖积低平缓平原;7—地貌类型界线。

图 2-2 信阳市地貌

冲沟发育、水土流失较严重。组成岩性为花岗岩、变质岩等。

2.2.2 侵蚀剥蚀丘陵(Ⅱ)

侵蚀剥蚀丘陵(Ⅱ)主要分布在平桥区的西部,浉河区的西部和南部,罗山县的南部,光山县的南部,新县的大部,商城县的中部和南部,固始县的南部,面积约 5 782.10 km^2,占全市总面积的 30.6%。山坡坡度较小,一般小于 30°;冲沟发育,切割深度一般为 30～80 m。组成岩性为变质岩、侵入岩、火山岩。

2.2.3 平原(Ⅲ)

2.2.3.1 冲洪积倾斜平原(Ⅲ₁)

冲洪积倾斜平原(Ⅲ₁)主要分布在平桥区的大部、浉河区的北部、罗山县的中部、光山县的北部、潢川县的大部、商城县的北部、固始县的中南部和西部的山前地带,面积约 4 506.66 km^2,占全市总面积的 23.9%。以向北、向东倾斜为主,地势略有起伏,岗洼相间,沟谷发育,呈树枝状。地面高程为 39～87 m。组成岩性主要为褐黄色、棕黄色、棕红色粉质黏土。

2.2.3.2 冲积平缓平原和谷地(Ⅲ₂)

冲积平缓平原和谷地(Ⅲ₂)由淮河及其支流的冲积平原组成,主要分布在息县的中部、淮滨县的南部和东部、固始县的中东部、潢川县的北部、罗山县的北部、平桥区的中部,面积约 6 229.25 km², 占全市总面积的 33.0%。地势较为平坦,微向东倾斜,地面高程为 33~85 m。组成岩性主要为灰白色、褐黄色粉土、粉质黏土和中细砂、砂砾石等。

2.2.3.3 冲湖积低平缓平原(Ⅲ₃)

冲湖积低平缓平原(Ⅲ₃)主要分布于息县的西部和东北部、淮滨县的西北部,面积约 1 047.09 km², 占全市总面积的 5.6%。地势略有起伏,地面高程为 25~59 m。组成岩性主要为灰褐色、灰黄色粉质黏土和细砂、中砂等。

2.3 地层岩性

在河南省地层区划中,信阳南部属扬子地层区,北部属华北地层区北秦岭分区和豫西—豫东南分区。根据河南省地质调查院 2000 年编制的河南省地质图(1∶50 万)及说明书,将工作区内的主要地层由老到新分述如下。

2.3.1 元古界(Pt)

2.3.1.1 下元古界大别群(Pt₁db)

下元古界大别群(Pt₁db)分布于信阳南部,主要出露于豫、鄂、皖三省交界的大别山区,其主体位于鄂皖两省境内。大别群是最古老的地层。主要岩性为一套巨厚的均质混合岩、二云二长混合片麻岩、黑云二长混合片麻岩、斜长角闪片麻岩及少量浅粒岩、大理岩、角闪岩。厚度大于 3 700 m。大别群岩石变质达角闪岩相,局部为麻粒岩相。岩石普遍受强烈的混合岩化作用。地层中常有大理岩及残留斜层理的条带状浅粒岩夹层分布。原岩为泥砂质、泥钙质及中基性火山岩。

2.3.1.2 秦岭岩群(Pt₁ql)

秦岭岩群(Pt₁ql)由董家河东北部向东南延展至市区西北侧,其岩性东西部分布不同。

(1)西部为混合质石榴黑云斜长片麻岩、斜长角闪片麻岩夹少量麻粒岩、薄层大理岩等,厚大于 628 m;

(2)东部下部为白云质大理岩和石墨大理岩,上部为石榴矽线黑云斜长片麻岩及薄层大理岩、石英岩、石墨片岩、磷灰石大理岩,厚大于 580 m。

2.3.1.3 中元古界龟山岩组(Pt₂g)

中元古界龟山岩组(Pt₂g)呈带状分布于南部,为一套强变形中深变质的带状无序变质地层。根据其岩石组合特征及现在的构造叠置关系,由北向南划分为两个岩段。

(1)一岩段(Pt₂g¹)。在地貌上显示为正地形,主要岩性为(含榴)绢云(白云)石英片岩(在剖面东龟山等地白云石英片岩中见含有米粒状的蓝晶石变斑晶)夹含榴二云片岩等。岩石中普遍见残余碎斑结构和石英多晶条带构造,白云(绢云)母多呈鱼状集合体的形式产出。

(2)二岩段(Pt₂g²)。本岩段南侧与南湾组构造接触,北侧与一岩段呈斜切关系(构造接触)。其主要岩性为(条带状)斜长角闪(片)岩、(含榴)含斑斜长角闪(片)岩、(含斑)黑云斜长片岩(局部含砾),夹含榴黑云(石英)片岩、(含榴)绢云(二云)石英片岩、含斑含榴绢云石英片岩、浅粒岩,局部夹十字石榴石绢云石英片岩、绿帘(斜长)变粒岩和大理岩透镜体。

2.3.1.4　上元古界震旦系(Z)

苏家河群(Zsz):分布于信阳西北部,桐柏商城断裂以南,呈北西西—南东东向带状展布。地层局部遭受强烈破坏,呈断块或残留体分布于燕山晚期花岗岩内。该群由上而下分为浒湾组和定远组。浒湾组岩性组合复杂,岩相变化较大。上部为白云斜长片麻岩、绿泥白云石英片岩、绢云绿泥石英片岩、绿帘斜长角闪片岩,局部夹较多眼球状混合岩和浅粒岩;下部为白云斜长片麻岩、白云石英片岩、石墨白云石英片岩、大理岩、眼球条痕状混合岩、斜长角闪片岩,以普遍含石墨为特征。该组为一套具轻度混合岩化的中级区域变质岩系。其原岩为泥砂质-泥钙质碎屑沉积建造,属滨海相。岩性在走向上变化大、不稳定。定远组岩性变化大,上部为绿泥白云石英片岩、绢云石英片岩;中部为变酸性凝灰岩与玄武岩互层;下部为白云母片岩、绿帘二云石英片岩、变酸性凝灰岩夹玄武岩、酸性凝灰角砾岩。该组为一套中级区域变质的碎屑岩及火山岩系。属滨海火山喷发沉积相。

2.3.2　古生界(Pz)

2.3.2.1　寒武系(∈)

寒武系(∈)分布于陈集镇四十里长山一带,岩性为灰岩、白云岩,局部遭变质作用,形成大理岩、白云质大理岩。

2.3.2.2　二郎坪群

(1)刘山崖组、张家大庄组并组。分布于吴冲—顾畈一带,岩性为灰绿色斜长角闪岩、灰色斑点状黑云斜长片麻岩,含大理岩。

(2)干江河组。于马鞍山煤矿附近零星出露,岩性主要为灰白色大理岩、白云石英片岩及薄层石英岩等

2.3.2.3　南湾组

南湾组分布于杨桥以北部分地段,呈东西向展布,上部为浅灰色绿帘黑云石英片岩、含绿帘黑云片岩、绢云片岩夹黑云斜长变粒岩,下部为灰白色白云石英片岩、斜长二云片岩夹斜长角闪岩及长石石英岩等。

2.3.2.4　上古生界蔡家凹大理岩(Pz₂c)

上古生界蔡家凹大理岩(Pz_2c)沿凉亭韧性剪切带呈条块状或透镜状构造漂浮或夹持于笔架山北、震雷山东秦岭岩群与龟山岩组之间,出露宽一般小于150 m,分布总面积不足0.5 km²。由一套碳酸盐质构造混杂岩组成,在笔架山为碎裂岩化含砾白云石大理岩、炭质大理岩、结晶灰岩,局部夹炭质片岩和绢云钠长片岩;震雷山主要为碎裂岩化含砾结晶灰岩(含有动物化石)。

2.3.2.5　下石炭统花园墙组(C₁h)

下石炭统花园墙组(C_1h)沿凉亭韧性剪切带呈条块状构造夹持于测区西部笔架山和东部凉亭等地的龟山岩组和张家大庄岩组中,分布总面积约1 km²。其中,笔架山构造岩

片的岩性较单一,为灰黑—黑色碳质石英砂岩夹炭质板岩。凉亭构造岩片的岩性较为复杂,下部以砾岩、含砾含铁石英砂岩为主,夹含铁石英砂岩。上部为砂岩、粉砂岩、绢云母化泥板岩、千枚岩及页岩互层。岩石中透入性板劈理或流劈理发育,仅在个别露头上见有原生水平韵律层理的残余。

2.3.3　中生界(Mz)

2.3.3.1　侏罗系(J)

(1)朱集组。分布在光山县西部赵畈、商城东部的余围孜一带,呈北西西—南东向展布。上部为紫红色中厚层变砂岩夹砂砾岩,中部为黄褐色中厚层变长石石英砂岩,下部为厚层砾岩夹砂岩。

(2)段集组。分布于三里坪及上石桥一带,为近东西走向向北倾的单斜构造。上部为紫红色中厚层凝灰岩夹砂砾岩,中部为紫红色砂岩、砂砾岩,下部为厚层砾岩夹砂岩。

2.3.3.2　白垩系(K)

(1)金刚台组。分布于金刚台、孤山等地,岩性为灰紫、灰黑色安山玢岩夹绿、紫红色流纹斑岩及火山碎屑岩。

(2)陈棚组。出露于青山乡,龟山—梅山断裂以北地区,呈西窄东宽楔形分布。白垩系陈棚组厚1 620 m,分上下两层。其主要岩性为:上部灰紫色,灰色安山玢岩、英安斑岩、流纹岩、粗面岩夹凝灰岩;下部肉红色、紫红色凝灰质砂砾岩、凝灰岩、中酸性角砾凝灰岩。凝灰质砂岩,夹灰黑色碳质凝灰岩、层凝灰岩。在横向分布上,西部多为熔岩,东部以火山碎屑沉积岩为主。

2.3.4　新生界(Cz)

2.3.4.1　始新统(E₂)

(1)戚家桥组。下部为暗紫红、紫红、灰紫色中厚层砾岩、砂砾岩和紫红色砂岩夹砖红色厚层含钙质结核砂岩;上部为砖红色砂砾岩、钙质结核砂砾岩和薄层砂岩夹砾岩。

(2)毛家坡组。分布在商城县东北部南寨以西,岩性为砖红、紫红、暗红色胶结疏松的砂砾岩、长石砂岩夹薄层含砾粗砂岩、粗砂岩及少量泥质粉砂岩等。

2.3.4.2　第四系(Q)

第四系(Q)广泛分布于山间盆地、山前洼地、沟谷河流两侧,沉积类型复杂。岩性为黄色黏土、粉质黏土、粉土夹沙层;灰绿色砂砾石层、灰绿色黏土及砾石层。成层性较好,层理近于水平,具冲积-湖积物特征。第四系厚度不大,一般为2~50 m,局部可达百余米。

(1)下更新统(Qp₁$^{gl+l}$)。分布于地面以下50~150 m,岩性以冰碛、冰水湖相杂色黏土夹砾石为主,局部夹泥灰岩,厚30~130 m,与下伏新近系为角度不整合。

(2)中更新统(Qp₂$^{al+pl}$)。工作区内分布较广,主要分布于信阳盆地及山麓边缘,形成垄岗、低丘地貌。其下部为紫红色、红褐色砂砾层夹细砂层,砾石分选、磨圆不好,多为棱角状,泥质松散胶结,砾石最大粒径可达40 cm;上部为黄褐色粉砂质黏土,富含锰质网纹及薄膜或条带,局部可见不甚发育的巨厚层理和垂直节理。厚度10~130 m。

（3）上更新统（Qp_3^{al+1}）。主要分布于息县西北部、固始县东部。主要为土黄色粉质黏土、灰褐色黏土夹碳质淤泥层，含少量钙质结核和碎石。可见不甚发育的层理及斜层理。厚度5~81 m。表层植物根茎发育，结构松散，为现代农业生产的主要耕作层。

（4）全新统（Qh^{al}）。大面积分布于淮河及其支流的冲积平原，根据产出位置和岩性特征，可进一步划分为两种类型。其一零星分布于河流两侧的Ⅰ级阶地上（Qh_1^{al+pl}），一般高出河床1~5 m。岩性为灰—灰白色粉砂、黏土质粉砂、土黄色粉砂质黏土，在底部时常见有一层不稳定的暗灰色、黄褐色粉砂质淤泥层或砂砾层。其二广泛分布于现代河流和山间冲沟中（Qh_2^{al+pl}）。岩性为砂砾、粗砂、粉细砂、粉土及粉质黏土，厚度1~22 m。

2.4 岩浆岩

信阳市岩浆活动十分频繁。侵入岩种类比较齐全，以超基性—基性—中性—酸性均有分布，尤以酸性岩分布最为广泛，其中新县岩体和商城县岩体规模最大。

各岩体形成时代分别属中条期、扬子期、加里东期、华力西期和燕山期。

2.4.1 中条期侵入岩

变质性岩出露于卡房东部油榨河—老虎沟一带。出露面积约7 km²。规模不大，呈小岩脉侵入于元古界七角山组之中，岩体为含磁铁细粒花岗岩。

2.4.2 扬子期侵入体

扬子期侵入体分布在苏家河南、黄石店、朱大店、黄湾等地。出露面积约12 km²。岩性为蛇纹岩、变辉长岩，侵入于浒湾岩组。受控于桐柏—商城断裂。规模较小，呈岩株、岩脉状侵入于浒湾岩组中。

2.4.3 加里东期侵入岩

加里东期侵入岩分布于春秋庙南至刘店一带，面积约5 km²。岩性为斜长花岗岩、花岗闪长岩。

2.4.4 华力西期侵入岩

华力西期侵入岩分布于孟磅以东一带，出露面积约1 km²。岩性为辉长岩和含榴含磁铁花岗岩。

2.4.5 燕山期侵入体

燕山期岩浆活动极其频繁，且规模巨大，属多期次的中酸性岩浆侵入，其活动顺序分中、晚两期。燕山中期侵入岩包括油榨河石英二长岩岩体、石英二长岩和二长花岗岩，分布于陡山河—油榨河一带，呈南北向展布的岩株状，面积约10 km²，侵入于红安岩群中，东侧被陡山河断层破坏。燕山晚期侵入体岩石类型以花岗岩、花岗斑岩为主。岩浆活动规模较大，形成了新县、商城两相花岗岩岩基和多个大小不等的岩株和岩脉。

2.4.6　脉岩

境内脉岩发育,种类较多,主要有花岗斑岩脉、细晶花岗岩脉、闪长玢岩脉、煌斑岩脉和石英脉等。

2.5　地质构造与地震

工作区大地构造位于秦岭造山带东延部位的桐柏—大别山造山带。境内地质构造较为复杂,以压扭性断裂为主,褶皱构造次之,新构造运动活跃。主要表现为差异性升降。区域主要褶皱和断裂构造见图2-3。

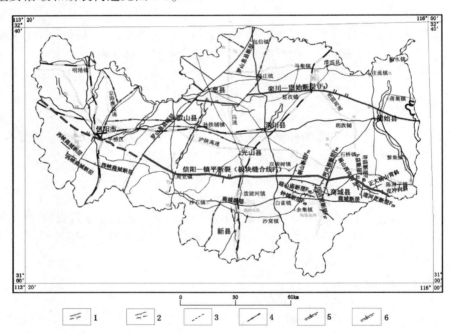

1—实测及推断正断层或正断层带;2—实测及推断逆断层或逆断层带;
3—隐伏断裂;4—性质不明断裂;5—背斜或推测背斜;6—向斜或推测向斜。

图2-3　信阳市地质构造

2.5.1　隆起、坳陷及褶皱

信阳市具有代表性的隆起、坳陷及褶皱共有8处,分别简述如下。

(1)罗山坳陷带。位于罗山县城以西,呈东西向延伸,由中生界组成,其新生界覆盖厚度2 000 m左右。

(2)莽张隆起带。位于罗山县城以东,呈北北东向延伸,从莽张南起,经东铺向北东延伸进入息县。

(3)龙镇坳陷。位于石山口、龙镇一带,面积约10 km²。基底为上元古界商城群变火山岩,盖层为白垩系陈棚组酸性火山岩及新生界松散沉积物。

（4）天台山背斜。西起大悟县宣化店，经新县卡房至麻城县王福店。中间被黄站—四姑断层和郭家河—七里坪断层切断，分为三段：北西段为一倾伏背斜，轴向北西315°，向北西倾伏，倾伏角30°；南西翼倾向北西230°～270°，倾角37°～46°；北东翼倾向北东10°～28°，倾角40°。中段为卡房穹窿，长轴走向北西324°，长20 km；短轴走向北东40°，长12 km。南东段为一倒转背斜，轴向北西295°～324°，两翼倾向南西215°～257°，倾角22°～50°。

（5）白马山—西张店复杂向斜。分布于新县白马山、田铺至红安县西张店一带。以郭家河—七里坪断开为界，分为南北两段：北段为一开阔的向斜，轴向北北西340°～345°，西翼倾向北东40°～75°，倾角12°～60°；东翼倾向西—北西270°～330°，倾角10°～53°。南段两翼倾角逐渐陡倾，南翼发生倒转，倾向南西250°，倾角26°～70°；北翼为正常翼，倾向西—北西270°～290°，倾角42°～50°，轴向由北西340°，转向305°，构成褶皱枢纽的反"S"形波动。

（6）白云山穹窿。分布于新县沙窝以南周河至鄂豫省交界处。由卡房岩组组成，翼部为新县岩组。东部被燕山晚期商城花岗岩体吞蚀。从沙窝开始翼部地层围绕白云山、周河核心倾向北、北西、西、南西，倾角40°左右，形成一个半环。该穹窿长轴方向为北西西向或近东西向。

（7）南向店单斜构造。主要分布于新集—南向店—宴家河—张坳一带，面积约214 km²，构造线呈正东西向展布，西部稍窄，东部稍宽。单斜由龟山岩组白云石英片岩、斜长角闪片岩及南湾岩组黑云石英片岩、黑云变粒岩组成，倾向180°～230°，倾角60°～80°。

（8）泼陂河坳陷。位于泼陂河—槐店一带，面积约40 km²，基底为南湾岩组、龟山岩组片岩、变粒岩，盖层为巨厚的中生界岩石建造及新生界第三系砂砾岩、第四系松散沉积物，长轴延伸方向为北东—南西向。

2.5.2 断裂

工作区断裂十分发育，按走向可分为近东西向、近南北向、北西向和北东向断裂组。按性质可分为正断层、逆断层和平移断层，部分断裂性质不明。现重要断层叙述如下。

（1）龟山—梅山韧性剪切带。工作区内长120 km，走向130°，是西官庄—镇平—龟山—梅山深大断裂的一部分，区内西起董家河经市区延出本区。地貌上呈突出的带状山梁，断面两侧普遍硅化、糜棱岩化，在地层上是中元古界龟山岩组的北界。

（2）桐柏—商城断裂带。是一条区域性深大断裂，规模宏大。西起桐柏，东至商城，境内仅出露一部分。全长100 km，境内长约60 km。总体走向约北西300°，倾向北东20°～35°，倾角50°～80°，局部近于直立。该断裂主要表现为一宽500～2 000 m的挤压带。带内岩石绿泥石化、绢云母化、硅化十分明显。岩石强烈褶皱，呈皱纹片状构造。石英被定向拉长，形成1～5 cm的硅质条带，硅质条带随片理弯曲呈肠状。此外，在挤压带内可见构造角砾岩、糜棱岩和小规模挤压带出现，如王母观挤压破碎带。沙石湾一带，矿物动态重结晶现象明显。

（3）确山—固始断裂。自息县孙庙乡进入工作区，经固始往东延伸至安徽省境内，与肥中断裂相衔接。工作内属隐伏断层，断裂走向102°倾向南，倾角45°～60°。属压扭性断裂,并具有长期多次活动的特征,控制了寒武纪、早古生代和中新生代的沉积,对工作区内地貌的形成和发展及水文地质条件起到了控制作用。

（4）小潢河断裂。北起光山县闸上店,经新县,延入到红安县西张店。长 40 km 以上。走向近南北 355°～360°,多倾向东,局部倾向西,倾角 58°～76°。断面呈舒缓波状。断裂带主要由构造角砾岩组成,并发育绿泥石化和硅化。构造角砾,多被压扁并定向排列,显出压性构造特征。局部地段断层擦痕显示西盘向北滑动,具右行特点。

（5）晏家河—陡山河断裂。位于光山县晏家河,新县吴陈河、陡山河一线,全长 40 km 以上,走向 20°,倾向北西,倾角 67°～75°。断层切割除了新县所有元古代地层,并有中生代火山岩沿断层发育。断层大部被四系冲积层覆盖,在新县吴陈河北可见断裂错开桐柏—商城断裂带 500 m 左右,南东盘向北东位移,呈左移型。断面呈舒缓波状,发育有水平痕。沿断层有花岗斑岩脉侵入,岩脉亦受硅化破碎,新县陡山河附近破碎带宽 20 m,挤压透镜子体发育。新县郭家河一带断层两侧片麻岩普遍有压碎现象,断裂带中硅化强烈,可见有 50～70 m 宽的破碎石英脉充填。

（6）八里棚—檀树岗断层。位于檀树岗、箭厂河、新集镇之间,全长 40 km,走向 40°,倾向南东,倾角 40°。断层岩石破碎,具高岭土化。矿物颗粒被磨细,沿断层节理发育。

（7）浉河港—灵山韧性剪切带。为龟山—梅山韧性剪切带的分支,境内长 29 km,走向 120°,区内地层上为泥盆系南湾组和奥陶系下统——震旦系肖家庙岩组的分界。

（8）莲花背断层。位于新屋、苦竹坳、董店之间,全长 20 km,走向 35°,倾向 120°,倾角 67°。岩石破碎,产状杂乱,发育有断层泥。两侧岩石具片理化、绢云母化、绿泥石化,沿断层有后期岩脉充填。

（9）药铺—青山断裂:位于商城县南部,经药铺横跨调查区,区内长 19 km,断裂南侧为太古宇大别岩群条带状混合岩、混合片麻岩及均质混合岩;断裂北侧为元古界混合片麻岩,断裂近东西向延伸,走向及倾向呈波缓状,倾向 182°,倾角 67°～87°,断裂为一宽 250～650 m 的破碎—糜棱岩带,最宽达 3 000 m,主裂面上盘上冲,断裂以压性为主,后期呈张性活动。

（10）观庙铺—大马店断裂。西起商城观庙铺,东经苏仙石出调查区,工作区内长约 43 km,断裂总体近东西向延伸,在苏仙石以东有向南偏转的趋势。断裂两端,北侧为中石炭统胡油坊组杨小庄组并组的砂岩、砂砾岩等,南侧为中元古界—新元古界龟山组,向东穿过大面积的商城岩体及侏罗系火山岩延伸出调查区。断面较平直,倾向 180°～210°,倾角 68°～80°。该断裂以压性为主,后期曾表现为南盘相对东移的扭性活动。

（11）沙窝—伏山挤压带。沿新县沙窝至商城县伏山一带,近东西向断续展布,长约 40 km,挤压带北侧为似斑状花岗岩,构成低缓山包,南侧为中粒花岗岩,构成高山峻岭。断面向南陡倾,倾向为 200°～210°,倾角 67°。

（12）固始断层。自三河尖西延入本区,境内长 56.6 km,为隐伏断层,力学上呈压扭性,以压性为主,走向南北,倾向北西,该断层向南错断了确山—固始断裂。

（13）临水集—张广庙断层。自安徽临水集延入工作区,境内长 49.7 km,南北走向,倾向西,为隐伏压性断裂,南部切穿确山—固始断裂。

（14）信阳—明港断层。基本沿京广铁路线穿过平桥区,倾向东,为推测压扭性断层。

2.5.3　新构造运动与地震

2.5.3.1　新构造运动

区内新构造运动明显,主要表现为地壳垂直运动为主的差异性升降,南部、西北部山区持续隆起,在北部、中部和东部接受新生代河流相及山麓洪积的碎屑沉积,同时又明显地受到老构造形迹控制,使北部主要河流两岸形成多期阶地及夷平面地貌。

2.5.3.2　地震

现代地震受纬向构造与新华夏系断裂控制,在二者交叉处易发生地震。根据河南省地震局有关资料记载,区内发生的主要地震有:1913 年 2 月 7 日,蓝青店发生 5 级地震,1974 年,明港西 4 km 发生 2 级地震。光山县最大一次地震为 1959 年 12 月 14 日,位于县城东部,震中北纬 32°、东径 115°,震级 4.9 级。北彭湾 1916 年 2 月 7 日发生 5 级地震,汪岗东 1925 年 7 月 25 日发生 5 级地震,新县 1925 年 7 月 27 日发生 5 级地震。这些地震对新县均有影响,但均未造成严重损失。1949 年以后发生的 5 起地震皆发生在麻城—商城断裂上,震级在 3.9 级以下。

参考《中国地震动参数区划图》(GB 18306—2015),工作区地震动峰值加速度为 $0.05g$,相当于地震基本烈度Ⅵ度。本区属区域地壳基本稳定区。

3　水文地质条件

根据《河南省地下水资源与环境》的地下水系统划分结果,信阳市属淮河地下水系统。其中西部、南部山区为桐柏大别山地下水亚系统,地层主要为变质岩、岩浆岩和碎屑岩,地下水主要为风化裂隙水,补给条件差,含水层富水性弱。其他区域为淮河冲洪积平原地下水亚系统,接触地带山区基岩透水性弱,岗地及平原区第四系松散层主要为黏性土,二者水力联系很弱,只在山前河谷出口处山区对平原区产生补给作用;该区水文地质条件差异较大,平原区地下水相对丰富,地下水位埋藏浅,含水层富水性较好,岗地区地形起伏大,补给条件差,含水层薄,富水性弱,在岗间河谷地区含水层相对较好;地下水排泄主要为蒸发和开采。

3.1　地下水类型与含水层(岩组)的划分

信阳市境内河流密布,切割作用较强烈,地貌类型多样,地层岩性组合复杂,决定了水文地质条件的特殊性和复杂性。在不同的地层、岩性组合,不同构造和地貌条件下,辅以水文、气象等因素的共同作用,全区共形成了四种类型的地下水,即松散岩类孔隙水、碳酸盐岩类裂隙岩溶水、碎屑岩类裂隙孔隙水和基岩裂隙水。因各类地下水均赋存于不同的岩层组合之中,根据不同的地层岩性组合和赋存空间的成因、性质,进一步划分出 7 个含水层(岩组)(见表 3-1)。

表 3-1　地下水类型及含水层(岩组)说明

地下水类型	含水层(岩组)	地层时代
松散岩类孔隙水	浅层	Qh、Qp_3、Qp_2
	中深层	Qp_2、Qp_1
碳酸盐岩类裂隙岩溶水	裸露型	$\in_3$、$\in_1$
	覆盖型	$\in_3$、$\in_1$
碎屑岩类裂隙孔隙水	碎屑岩类	E、K、J、C
基岩裂隙水	变质岩	Pt_2、Pt_1、$\in$、Dn
	岩浆岩	K_1、J_1

3.1.1　松散岩类孔隙水

松散岩类孔隙水是信阳市主要的地下水类型。根据含水介质的埋藏条件,对淮河及其支流等河谷平原和山前冲洪积倾斜平原松散岩类分布区,以上更新统(Qp_3)—下更新统(Qp_2)底部黏土、粉质黏土作为相对稳定的隔水层(埋深40~60 m)为界进行分层。该层之上,构成浅部统一的含水介质,划分为浅层含水层(岩组);该层之下,构成深部统一的含水介质,划分为中深层含水层(岩组),控制深度350 m。底部为新近系(N_1)—白垩系(K_2)顶部黏土、泥岩、泥质砂岩作为相对稳定的隔水层。

3.1.1.1 浅层含水层(岩组)

淮河及其支流等河谷冲积平原和冲洪积倾斜平原广泛分布浅层含水层(岩组),面积约11 800 km²。组成岩性一般为全新统(Qh)、上更新统(Qp_3)和中更新统(Qp_2)的砂卵砾石和泥质砂砾卵石、中砂、细砂、粉土及粉质黏土。由于受地貌、地层和地质结构的控制,含水岩组底板埋深及砂层厚度变化较大,空间分布很不均匀。

河谷平原区广泛分布全新统和上更新统砂砾卵石层,并且相互叠置在一起,分布稳定,结构松散,泥质含量低,含水介质的储水和导水性能极好。但由于基底起伏较大,各地段含水砂卵石层厚度变化也较大。河谷平原区砂层厚度5~30 m。

河谷冲积平原区包括全新统、上更新统、中更新统上段含水砂层。含水层底板埋深一般30~50 m,由南西向北东颗粒变细,厚度变大,在淮滨—息县一带为一套以粗粒为主、粗细相间的各类砂层夹粉土地层,垂向上表现为下粗上细多个沉积韵律。含水层岩性由粗变细、由厚变薄,层数变多,单层厚度变小。含水层岩性主要为含砾中粗砂、中砂、中细砂、细砂。

冲洪积倾斜平原区的含水介质为中更新统(Qp_2)粉质黏土、泥质砾卵石。底板埋深较浅,一般10~30 m,砂层厚度较薄,一般为0~5 m,泥砾结构较紧密,多呈半胶结状态,地下水赋存条件极差,一般为孔隙潜水。

砂层中泥质含量不一,且结构疏密程度不同,从而使得不同地段的储水和导水性能相差悬殊,其总的特点是,河谷平原区的含水层赋存条件和导水性能明显优于岗地,一般为潜水或微承压水。

3.1.1.2 中深层含水层(岩组)

中深层含水层(岩组)主要分布于淮河及其支流的河谷与河冲积平原和部分山前冲洪积倾斜平原,面积约7 434.93 km²。组成岩性主要为中更新统和下更新统的泥质卵砾石、砂砾岩、中砂、细砂等。结构较紧密,泥质或钙质胶结,多呈半固结状或固结状,其储水和导水性能较差。含水层顶板埋深一般为50~80 m;含水层底板埋深在山前一般小于100 m,在息县、淮滨县一带含水层底板埋深为300~340 m,中间地带一般在200 m左右;含水层厚度在山前一般小于10 m,在息县、淮滨一带一般为50~90 m,其他地区一般为20~50 m。

3.1.2 碳酸盐岩类裂隙岩溶水

碳酸盐岩类裂隙岩溶水仅分布于光山县马畈镇—罗山县周党镇一带、固始县陈集镇四十里长山一带基岩丘陵区,总面积114.84 km²。组成岩性为寒武系下统的辛集组、朱砂洞组和寒武系上统的崮山组、炒米店组、三山子组的白云岩、白云质灰岩、灰岩。其中,碳酸盐含量约70%以上,纯度较高,为厚层状。由于该岩组处于区域碳酸盐岩类裂隙溶洞水的强烈循环交替带,裂隙和溶洞非常发育,导水和储水性能相对较好。地下水为深埋的潜水或承压水。在碳酸盐岩层分布的地形低洼处或缓坡地带,地下水位埋深较浅,这些地段是地下水的主要赋存和富集地带,也是山区人民供水的主要开采层。相关资料表明,单井出水量为 $2 \sim 12 \ \mathrm{m^3/h}$。

3.1.3　碎屑岩类裂隙孔隙水

信阳碎屑岩类裂隙孔隙水指石炭系(C)、侏罗系(J)、白垩系(K)、古近系(E)泥岩、泥质粉砂岩、砂岩、砂砾岩层中赋存的裂隙孔隙水。主要分布于南部的残山丘陵区,面积 1 831.93 $\mathrm{km^2}$。时代较老的砂岩发育众多的构造裂隙和风化裂隙;时代较新的砂岩胶结不太紧密,发育有一定孔隙。地下水赋存于该类含水岩组的层间裂隙、孔隙,形成潜水。

砂岩、砂砾岩含水层主要分布于罗山县的青山镇—光山县的文殊镇—固始县的陈淋子镇一带,节理与裂隙发育,但多数裂隙的开启性不好,富水性较差,泉水多与断裂构造有关。

泥岩、泥质粉砂岩含水层主要分布于平桥区的彭家湾一带,富水特征主要取决于岩石的胶结程度和裂隙发育程度,总体上含水微弱,补给条件较差,径流缓慢。

3.1.4　基岩裂隙水

基岩裂隙水主要分布于西部及南部的基岩低山丘陵区,面积 5 350.42 $\mathrm{km^2}$。主要由元古界变质岩类、侵入岩类、白垩系火山熔岩岩类组成。按含水岩组的岩石结构,分为变质岩裂隙含水岩组、岩浆岩裂隙含水岩组两大类。

3.1.4.1　变质岩裂隙含水岩组

变质岩裂隙含水岩组分布于平桥区的西部、浉河区的北部及东部、罗山县的中南部、新县的大部、光山县的南部、商城县的南部及中部、固始县的南部基岩山区,面积 3 199.91 $\mathrm{km^2}$,大致呈北西—南东方向展布。组成岩性以下元古界和中元古界变质岩、寒武系变质火山岩及南湾组变质岩为主,主要岩性为白云石英片岩、斜长角闪片岩、片麻岩、黑云斜长片岩及大理岩透镜体等。构造裂隙、风化裂隙发育,风化深度一般为 10~15 m,局部构造破碎带部位深达 25 m,是地下水赋存的主要场所,在断层破碎带的一侧或两侧往往有泉水出露。但因构造裂隙多呈闭合型,风化裂隙多被充填,不利于大气降水入渗,故地下水贫乏,泉流量小于 1 L/s,地下水径流模数小于 1 L/(s·$\mathrm{km^2}$)。

3.1.4.2　岩浆岩裂隙含水岩组

岩浆岩裂隙含水岩组分布于浉河区的西部及南部、罗山县的南部、新县的南中部、光山县的中南部零星分布、商城县的中部、固始县的南部基岩山区,面积 2 150.51 $\mathrm{km^2}$,大致呈北西—南东方向展布。岩性主要为中条期、扬子期、加里东期、华力西期和燕山期等各期的花岗岩,其次为流纹岩、珍珠岩及膨润土。花岗岩颗粒较粗,呈球状风化,风化深度约 10 m。网格状节理裂隙发育,面裂隙率 5%左右,含风化壳裂隙水。在地形切割部位或受阻水岩层堵截处溢出成泉。其流量小于 1 L/s,随季节变化大,枯水季节断流。地下水径流模数小于 1 L/(s·$\mathrm{km^2}$)。

3.2 地下水富水性分区及其分布规律

松散岩类含水岩组富水性分区,主要根据水文地质钻孔抽水试验资料,并参考机民井抽水试验资料的实际涌水量,换算成统一井径和统一降深(井径300 mm,降深为:浅层地下水5 m,中深层地下水15 m)的单井出水量,以此作为富水性分区的依据。碳酸盐岩类岩溶水、碎屑岩类裂隙水等基岩类地下水主要以泉流量径流模数来表征其富水状况,少量钻孔涌水量只作为参考。

3.2.1 松散岩类孔隙水

依据上述条件换算出的单井出水量,将浅层孔隙水分布区按富水性划分为4个区,即强富水区(单井出水量1 000~3 000 m³/d)、中等富水区(单井出水量500~1 000 m³/d)、弱富水区(单井出水量100~500 m³/d)和贫水区(单井出水量小于100 m³/d)。将中深层孔隙水分布区按富水性划分为4个区,即极强富水区(单井出水量大于3 000 m³/d)、强富水区(单井出水量1 000~3 000 m³/d)、中等富水区(单井出水量500~1 000 m³/d)和弱富水区(单井出水量小于500 m³/d)。

3.2.1.1 浅层孔隙含水层(岩组)

该含水层(岩组)全部为第四系的松散堆积物,在不同地貌单元含水层的成因与岩性结构均不相同,其富水性亦有很大差异,河谷平原及冲积平原富水性较强,河流南北两侧岗地富水性较弱;砂、砂砾石和卵石层厚度大的区域富水性强,厚度小的区域富水性弱(见图3-1)。

1. 强富水区

强富水区(单井出水量1 000~3 000 m³/d)主要分布在淮河及其支流的河谷及冲积平原,总面积3 933.52 km²。含水砂层沿河道带最厚,两侧地区较薄。含水层主要为全新统和上更新统砂砾石、中粗砂、中细砂,顶底埋深2~25 m,底板埋深25~66 m,含水层总厚度10~24 m,一般有3~5层。由于表层粉质黏土孔隙裂隙极为发育,储水性及导水性能较好,富水性较强,与砂层构成统一的浅层含水层,所以浅层含水层组单井出水量均在1 000~3 000 m³/d,为强富水区。

2. 中等富水区

中等富水区(单井出水量500~1 000 m³/d)主要集中分布在以下两个区域,总面积1 080.87 km²。分别简述如下:

(1)明港—长台关、息县城关—夏庄—包信一带淮河冲积平原两侧,含水层主要为中更新统中粗砂、中砂及细砂,厚度10 m左右,顶板埋深40 m,呈带状分布。单井出水量417~708 m³/d,为中等富水区。

(2)传流店—期思一带白露河河谷平原,地形平坦,地面标高35~60 m,坡降约5.2/10 000,含水层岩性主要为中更新统和上更新统含砾粗砂、中粗砂、中细砂,厚度3~10 m,一般1~3层,含水层顶板埋深5~37 m。单井出水量256~700 m³/d,为中等富水区。

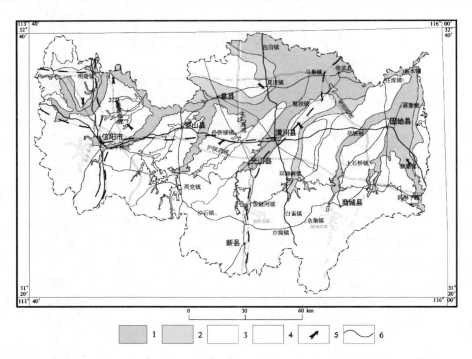

1—1 000~3 000 m³/d;2—500~1 000 m³/d;3—100~500 m³/d;4—小于 100 m³/d;5—地下水流向;6—富水性分区界线。

图 3-1　信阳市浅层地下水富水性分区

3.弱富水区

弱富水区(单井出水量 100~500 m³/d)呈条带状分布于夏庄—张陶—路口、陈集—泉河铺一带,面积 1 270.74 km²。

(1)息县的夏庄—张陶—路口一带,呈近东西向展布。地形平坦,地面标高 40 m 左右,含水层岩性主要为上更新统、中更新统黏性土,地下水以垂直交替为主,水位埋深浅。单井出水量 113~471 m³/d,为弱富水区。

(2)固始县的陈集—泉河铺一带,呈近南北向展布。地形略有起伏,地面标高 23~39 m,地面坡降 3.3/10 000,含水层岩性主要为全新统、上更新统、中更新统中细砂、细砂,顶板埋深 8~37 m,厚度 2~15 m,水位埋深浅,单井出水量约 250 m³/d,为弱富水区。

4.贫水区

贫水区(单井出水量小于 100 m³/d)主要分布于淮河南岸的冲洪积倾斜平原,面积 5 784.21 km²。地形起伏较大,含水层岩性主要为中更新统粉质黏土,局部见有下更新统黏性土夹泥质砾石层和中更新统泥卵石层,厚度 2.5~5.5 m,结构密实,含水性较差,单井出水量一般小于 5 m³/d,最大达 83 m³/d,水位埋深由南向北逐渐变浅,属贫水区。

3.2.1.2　中深层孔隙含水层(岩组)

该含水层(岩组)指的是埋深 50~350 m 的含水综合体,以下更新统冰水、冰水湖积和冲积、冲洪积相沉积为主。中深层地下水的富水性特征主要受构造特别是新构造运动的控制,并与岩性、成因类型、时代、古地理环境等因素密切相关。大致以确山—固始断裂和固始断裂为界,固始断裂以东为中等富水性—弱富水性,固始断裂以西及确山—固始断裂以北为富水区,息县北部的路口—白土店一带单井出水量大,为极富水区(见图 3-2)。

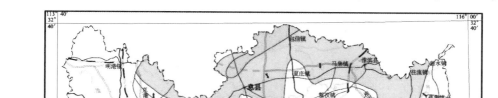

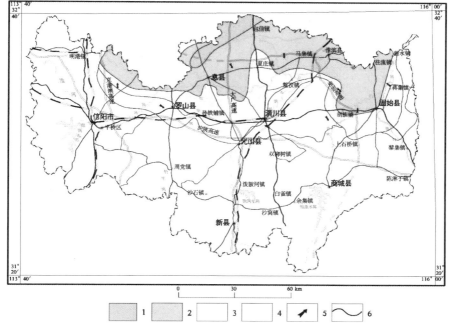

1—大于 3 000 m³/d;2—1 000~3 000 m³/d;3—500~1 000 m³/d;4—小于 500 m³/d;
5—地下水流向;6—富水性分区界线。

图 3-2　信阳市中深层地下水富水性分区

1. 极强富水区

极强富水区(单井出水量大于 3 000 m³/d)主要分布于息县北部的路口—白土店一带,面积 300.51 km²,岩性主要以下更新统中砂、中粗砂和砂砾石为主,厚度 50~100 m。因砂层的分选性较好,单井出水量均为 3 860~4 380 m³/d,属极强富水区。

2. 强富水区

强富水区(单井出水量 1 000~3 000 m³/d)主要分布于淮河河谷及冲积平原,位于息县中部及北部、淮滨县的北部及固始县的西北部地区,面积 2 892.34 km²。含水层岩性主要为中更新统和下更新统的细砂、中细砂和砂砾石,顶板埋深 50~60 m,局部 60~80 m,厚度 50~90 m,局部厚达 100 m,一般 2~3 层。因砂层的分选性较好,单井出水量均为 1 000~3 000 m³/d,属强富水区。

3. 中等富水区

中等富水区(单井出水量 500~1 000 m³/d)呈条带状分布于平桥区的胡店乡—罗山县的尤店乡—息县的曹黄林镇—淮滨县的张庄乡—固始县的汪棚镇—三河尖镇一带,面积 2 268.13 km²。含水层岩性主要为下更新统的含泥砾砂、中粗砂及中细砂,顶板埋深 50~70 m,厚度 18~75 m,一般 2~3 层。单井出水量均为 500~1 000 m³/d,属中等富水区。

4. 弱富水区

弱富水区(单井出水量小于 500 m³/d)呈条带状分布于平桥区的洋河镇—罗山县

城—光山县的十里镇—潢川县的桃林镇及固始县的陈集镇—石佛店镇一带,面积 1 973.95 km²。含水层岩性主要为中更新统和下更新统的含泥砂砾石、中细砂和细砂,顶板埋深 50~85 m,厚度 6.5~8.5 m,局部在 15 m 左右,一般 1~2 层。单井出水量一般小于 300 m³/d,属弱富水区。

3.2.2　碳酸盐岩类裂隙岩溶水

碳酸盐岩类裂隙岩溶水仅分布于固始县东部陈集镇的四十里长山一带,呈条带状展布。海拔 150~419 m,面积 114.84 km²。主要为寒武系白云岩、白云质灰岩、灰岩等。按埋藏条件不同可以划分为裸露型、覆盖型两大类。

3.2.2.1　裸露型

裸露型含水层岩性主要为寒武系白云岩、白云质灰岩、灰岩等,面积 92.12 km²。该区域构造活动强烈,节理、裂隙发育,为岩溶发育创造了条件。但其面积较小,地理位置较高,曾在局部见有一小流量的构造下降泉群,出露形式大致为:大气降水通过碳酸盐岩裸露区的节理、裂隙及溶隙往下游运移,受阻于断层后,沿断层往下运移,至地形低洼处以泉水形式排出地表。泉水流量随季节变化较明显,相关资料表明,当时流量为 0.483~3.217 L/s。

3.2.2.2　覆盖型

覆盖型分布于四十里长山以东的双碑村—春店村一带,呈南北向带状展布,面积 22.72 km²。可溶岩与松散岩层接触作用强烈,岩溶发育,大的溶洞直径达 2.38 m 左右,但多被黏性土所充填。随深度的增加,岩溶发育渐弱。大气降水通过裸露型岩溶水和浅层地下水补给覆盖型岩溶水。单井出水量 179.48 m³/d。

3.2.3　碎屑岩类孔隙裂隙水

碎屑岩类孔隙裂隙水零星分布于平桥区的彭家湾—罗山县的青山镇—光山县的文殊镇—固始县的陈淋子镇一带的残山丘陵区,面积 1 831.93 km²。

泥岩、泥质粉砂、砂岩和砂砾岩含水层的节理与裂隙发育,但多数裂隙的开启性不好,富水性较差,泉水多与断裂有关,总体上含水微弱,补给条件较差,径流缓慢。泉流量 0.01~1 L/s,地下水径流模数 0.46~1.60 L/(s·km²),矿化度在 0.4 g/L 以下,地下水化学类型为 HCO_3-Na·Mg 型。相关资料表明,出水量一般为 2.56~2.86 m³/d,地下水极贫乏。

3.2.4　基岩裂隙水

基岩裂隙水主要分布于西部及南部的基岩低山丘陵区,面积 5 350.42 km²。主要由元古界变质岩类、侵入岩类、白垩系火山熔岩岩类组成。按含水岩组的岩石结构,分为变质岩裂隙含水岩组、岩浆岩裂隙含水岩组两大类。

3.2.4.1　变质岩裂隙含水岩组

变质岩裂隙含水岩组分布于平桥区的西部、浉河区的北部及东部、罗山县的中南部、新县的大部、光山县的南部、商城县的南部及中部、固始县的南部基岩山区,面积 3 199.91

km²,大致呈北西—南东方向展布。相关抽水试验资料表明,该区域泉流量小于 1 L/s,地下水径流模数小于 1 L/(s·km²)。

3.2.4.2 岩浆岩裂隙含水岩组

岩浆岩裂隙含水岩组分布于浉河区的西部及南部、罗山县的南部、新县的南中部、光山县的中南部零星分布、商城县的中部、固始县的南部基岩山区,面积 2 150.51 km²,大致呈北西—南东方向展布。相关资料表明,地下水的来源主要靠大气降水补给,随季节变化大,枯水季节断流。其流量小于 1 L/s,地下水径流模数小于 1 L/(s·km²)。

3.3 地下水的补给、径流与排泄条件

地下水的补给主要来源于大气降水,补给方式为降水直接入渗补给和侧渗补给。侧渗补给是指大气降水入渗形成地下径流向邻区补给,地表水体的渗入补给包括水库灌溉水的补给。由于地质、地貌条件的不同,补给形式亦有差异。

3.3.1 松散岩类孔隙水的补给、径流与排泄条件

3.3.1.1 浅层地下水的补给、径流与排泄条件

1. 补给条件

浅层地下水的补给,主要以大气降水入渗补给为主,其次为灌溉回渗补给、侧向径流补给,水位变化幅度受季节变化影响较大。

1) 大气降水入渗补给

大气降水入渗补给是浅层地下水的主要补给来源,降水入渗是浅层地下水形成的首要因素。大气降水入渗补给受多种因素影响,主要包括地形地貌、包气带岩性结构、地下水位埋深及降水量和降水强度等。

信阳中部及北部的冲积平原,地形平坦,地面坡降一般在 3~6/10 000,地表径流滞缓,且包气带岩性为粉土,土质疏松,地下水位埋藏较浅,多在 2~10 m,降水入渗条件优越。而在南部低山丘陵区及山前冲洪积倾斜平原,地形坡度较大,冲沟比较发育,地面坡降多在 1/300 以上,在大气降水时易形成地表径流,且地下水位埋深多大于 10 m,对入渗补给不利。

2) 灌溉回渗补给

灌溉回渗补给也是浅层地下水的主要补给来源之一,工作区内大部分为井灌区,渠灌区主要有南湾灌区、淮河灌区及其他中、小型水库的灌区。灌区大部分地区包气带岩性为粉土,结构疏松,有利于灌溉水的回渗。

3) 侧向径流补给

从地形地貌条件和浅层地下水等水位线图分析,由于西部和南部的地势相对较高,受地形控制,浅层地下水的径流补给主要来自西部和南部方向。

2. 径流条件

浅层地下水的径流随地形和岩性结构的不同而有差异,在河谷平原、山前冲洪积倾斜平原,地形坡降大,组成岩性颗粒粗,结构松散,导水性良好,径流条件好,径流总是向河床

及其下游方向运移;而在平原区地形平坦,水力坡度在 3~6/10 000,浅层含水层颗粒细,导水性能较差,径流条件亦较差,径流缓慢。在天然条件下,淮河以北浅层地下水总的径流方向从西北向东南运移。在淮河以南的山前冲洪积倾斜平原,由于地势较高,其水位高于周边平原区水位,浅层地下水由西南向东北径流。

3. 排泄条件

1) 开采排泄

信阳平原区除部分区域利用河水和水库水灌溉农田外,有相当数量的农田采用井灌,农灌井的井群密度约为 5 眼/ km²。同时部分农村人畜生活用水、乡镇企业及工矿企业用水也在开采浅层地下水。因此,开采排泄成为浅层地下水排泄的主要途径。

2) 蒸发排泄

蒸发量受水位埋深、包气带岩性及气象条件控制,浅层地下水位埋深较浅区,一般 1~4 m,以蒸发排泄为主,春、夏季垂直蒸发排泄量大,秋、冬季垂直蒸发排泄量相对较小。

3) 地下径流排泄

信阳地势西部和南部高、东部和北部低,因此浅层地下水在淮河以南,整体自西部和南部基岩山区和冲洪积倾斜平原向东部和北部平原区径流,基岩山区地势高,浅层地下水向东北部地势低洼处排泄;淮河以北平原区地形平坦,水力坡度一般为 1/1 000 以下,地下水径流缓慢,水平径流排泄条件较差;河谷平原含水层岩性较粗,以中粗砂、卵砾石为主,水力坡度一般在 1/500 左右,径流条件好,地下水以水平径流排泄为主。

4) 河流排泄

淮河及其支流常年排泄地下水。

3.3.1.2　中深层地下水的补给、径流与排泄条件

1. 补给条件

中深层地下水在平原区不能直接得到大气降水的入渗补给,其补给来源主要为上游地下水径流补给;在山前地带可以间接得到大气降水的入渗补给。

1) 上游地下水径流补给

从地质地貌条件和中深层地下水等水位线图分析,中深层地下水的侧向径流补给来自西南方向,西南方向为低山丘陵地形,而山前地带浅层水和中深层水水力联系密切,同时山区基岩裂隙水补给中深层地下水。

2) 浅层地下水越流补给

浅层地下水位普遍高于中深层 3~30 m,存在水头差,但因两含水层间存在较厚的黏性土隔水层,浅层地下水难以越流补给中深层地下水。

2. 径流条件

淮河以北中深层地下水自西北向东南、由北向南径流,水力坡度一般为 0.5‰~1.0‰;淮河以南非开采区中深层地下水自西南向东北径流,在开采区受开采影响,中深层地下水自周边向开采中心径流,目前开采区域较多、开采量较大,已形成多个降落漏斗,水力坡度 2‰~8‰。

3. 排泄条件

人工开采和侧向径流是中深层地下水的主要排泄方式。

1) 开采排泄

中深层地下水水源区有大量农村安全饮水井、企事业单位自备供水井、城镇集中供水水源井开采中深层地下水。

2) 径流排泄

由于工作区地势西南高、东北低,因此中深层地下水整体自基岩山区和倾斜平原区向东北平原区径流排泄。基岩山区地势高,中深层地下水向东北部地势低洼处排泄;北部平原区地形平坦,水力坡度一般在2‰以下,地下水径流缓慢,水平径流排泄条件较差;河谷平原含水层岩性较粗,以中粗砂、卵砾石、细砂和粉砂为主,开采情况下,水力坡度一般在2‰~6‰,径流条件好,地下水以水平径流排泄为主。

3.3.2　碳酸盐岩类裂隙岩溶水的补给、径流与排泄条件

3.3.2.1　补给条件

该类地下水主要接受大气降水补给、浅层地下水补给。在裸露区接受大气降水入渗补给;在覆盖区,水位低于上部浅层地下水,接受浅层地下水的渗漏补给。

3.3.2.2　径流条件

地下水径流条件受构造断裂、裂隙、溶隙及各类结构面的性质等制约。径流方向大致由裸露区向周围开采区径流。

3.3.2.3　排泄条件

排泄方式以潜流形式补给松散岩类地下水为主,其次为近年来施工的一些农村安全饮水工程供水井的开采。

3.3.3　碎屑岩类裂隙孔隙水的补给、径流与排泄条件

3.3.3.1　补给条件

该类地下水补给来源为大气降水的垂直入渗和上层松散岩类孔隙水渗入补给。

3.3.3.2　径流条件

该类地下水径流条件差,含水层结构致密,裂隙不发育,地下水一般沿地层倾斜方向运动,在沟谷切割深处,常以泉的形式排出地表。

3.3.3.3　排泄条件

由于砂岩、泥岩节理、裂隙不发育,并多呈闭合型,连通性差,径流条件差,一般为就近向低洼处径流。地下水排泄主要为蒸发、径流,基本无开采。

3.3.4　基岩裂隙水的补给、径流与排泄条件

3.3.4.1　补给条件

该类地下水主要接受大气降水补给。补给区分布在裸露区。在基岩覆盖区,水位低于上部孔隙水,接受孔隙水渗漏补给。

3.3.4.2　径流条件

由于工作区地势西南高、东北低,因此地下水整体自西南向东北径流,由补给区逐渐向覆盖区径流。

3.3.4.3　排泄条件

因补给条件差,加之基岩裂隙多呈闭合型或被黏粒风化物质充填,故地下水径流不畅,排泄很少。在阻水断裂附近常以溢出泉的形式排泄,在风化带常以潜水的形式向松散岩类含水岩组径流、排泄。人工开采量小,主要为生活用水。

3.4　各含水层之间的水力联系

3.4.1　浅层与中深层地下水之间的水力联系

平原区地下水含水层岩性以砂、砂砾石为主,隔水层呈层状连续分布,厚度为 15~40 m,使得浅层与中深层地下水之间的水力联系不密切。根据本次地下水位调查成果,浅层地下水位高于中深层,二者之间的水头差一般为 3~30 m,浅层地下水难以通过越流的方式补给中深层地下水。

3.4.2　松散层地下水与碎屑岩类裂隙孔隙水之间的水力联系

在淮河以南的山前倾斜平原,松散层厚度一般小于 100 m,下部是碎屑岩。松散层孔隙水通过渗漏的方式补给碎屑岩类裂隙孔隙水,由于碎屑岩类裂隙孔隙不发育,渗漏补给量小,其富水较贫乏。

3.4.3　松散层地下水与基岩裂隙水之间的水力联系

在基岩裸露区附近,接受大气降水补给后,向地势较低的方向径流,侧向补给松散层地下水。在基岩覆盖区,水位低于上部松散层地下水,接受松散层地下水渗漏补给。

3.4.4　松散层地下水与碳酸盐岩类岩溶水之间的水力联系

在覆盖区,与松散层直接接触,松散层的厚度小于 100 m。松散层孔隙水的水位高于碳酸盐岩类岩溶水,松散层孔隙水通过渗漏的方式补给岩溶水。

3.5　松散岩类孔隙水动态特征

3.5.1　动态影响因素

地下水动态变化是多种因素综合影响的结果,影响松散岩类孔隙水水位动态的因素除地形、地貌、地层岩性和水文地质条件等静态因素外,主要为气象、水文等动态因素和人为因素等。

3.5.1.1　气象因素

气象因素对地下水动态的影响主要表现在降水补给、蒸发排泄对地下水位的影响。信阳市的大气降水一般多集中在每年的 5~8 月 4 个月,其降水量约占全年的 59%。蒸发量的年内分配主要受季节变化和温、湿度变化的影响,一年之中,5~8 月蒸发量大,一般月计在 90 mm 以上,12 月至翌年 2 月蒸发量小,一般月计在 40 mm 以下。正是上述气象变化特点控制着地下水的季节动态。

3.5.1.2　水文因素

水文因素对地下水动态的影响主要发生在沿河地带(河漫滩区),仅在夏季洪水期间,河水水量明显增加,河水水位高于地下水位,河水补给地下水,使河谷及两岸地下水位明显升高;其他季节,河水水量明显减小,河水水位普遍低于地下水位,地下水向河道排泄,补给河水,地下水位下降。

3.5.1.3　人为因素

人为因素主要有人工开采地下水和农田灌溉。人工开采在时空分布上变化较大。农村安全饮水工程和城镇生活集中供水水源地常年开采地下水,持续高强度开采已在局部地段形成规模不等的地下水降落漏斗,引发生态地质环境问题;农业开采较分散,且为季节性开采,紧随降水量的大小及农作物生长期的需水量而变化。农田灌溉水回渗对浅层地下水的影响主要集中在地表水灌区,大面积的灌溉会引起浅层地下水位上升。

3.5.2　浅层地下水动态特征

根据影响浅层地下水位动态变化的主要控制因素,结合水文地质条件,确定浅层地下水的动态变化类型主要有气象—开采型、气象—径流—开采型、气象—水文型。

3.5.2.1　气象—开采型

气象—开采型主要受降雨入渗补给,人工开采消耗。由于地下水位埋藏较深,蒸发微弱,地下水位变化主要受降雨和开采条件的控制。汛前,由于人工开采地下水,使得水位下降;汛期,降水补给地下水,使得水位上升;汛后,无开采时,水位基本保持稳定。该类型主要分布在息县、淮滨县、固始县、潢川县、罗山县一带等集中开采区,人工开采为地下水的主要排泄方式。

3.5.2.2　气象—径流—开采型

地下水以降雨入渗及径流排泄为主,消耗于人工开采。1~2 月因地下径流补给,水位上升,以后因人工开采,水位下降,降雨入渗后又使水位上升。该类型主要分布在山前倾斜平原区。

3.5.2.3　气象—水文型

地下水以水平运动为主。水位动态变化主要受降水、蒸发及河流水位涨落的影响。水位变幅一般为 1.50~2.50 m,最低水位出现在每年 5 月前后,此时降水量小,蒸发量大。而 6~8 月降水集中,河流水位上升,地下水位随之上升;9 月以后,河流水位下降,地下水位随之下降。该类型主要分布在河流两侧的强影响带。

3.5.3　中深层地下水动态特征

中深层地下水动态主要受人工开采和气象因素控制。丰水期,浅层地下水位迅速上升,但中深层地下水的动态变化没有浅层地下水敏感,因补给途径远,随季节变化较为迟缓,水位回升滞后。在人为开采因素的影响下,开采量增大,则水位下降明显。根据地下水动态长期观测资料分析,中深层地下水位在年内的动态变化类型主要为气象—径流型和开采型。

3.5.3.1　气象—径流型

　　气象—径流型主要分布在南部山前地带且开采量较小的区域。上游地下水位主要受降水和径流的影响,汛期水位上升,但时间滞后;下游因补给路径长,接受降水补给量少,水位回升缓慢且升幅小。

3.5.3.2　开采型

　　开采型主要分布在集中开采的农村饮水工程和城市水源地等区域,地下水动态变化主要受开采和径流因素的影响,因开采量较大,水位持续下降,与其他区域相比,水位埋深较大,降水补给难度大,其补给主要来自侧向径流。

4　环境地质问题

4.1　地下水资源短缺

中深层地下水资源短缺区域,位于中深层地下水分布区的南部、平桥区的洋河镇—罗山县城—光山县的十里镇—潢川县的桃林镇、固始县的陈集镇—石佛店镇一带,呈条带状展布,面积 1 973.95 km²。含水层岩性主要为中更新统和下更新统的含泥砂砾石、中细砂和细砂,顶板埋深 50~85 m,厚度 6.5~8.5 m,局部在 15 m 左右,一般 1~2 层。单井出水量一般小于 300 m³/d,属弱富水区。

中深层地下水不能直接得到大气降水的入渗补给,其补给来源主要为上游地下水的径流补给,但补给途径长,补给缓慢。虽浅层地下水位普遍高于中深层 3~30 m,存在水头差,但因两含水层间存在较厚的黏性土隔水层,浅层地下水难以越流补给中深层地下水,一旦开采水位持续明显下降,难以满足人们的长期日常生活需求。

4.2　地下水位下降及降落漏斗

人工开采是影响中深层地下水动态变化的主要因素。信阳市部分地区以中深层地下水作为主要供水水源,长期以来受管理体制的制约,对地下水的开发利用缺乏科学统一的管理,加之部分区域持续超量开采,使该地区地下水位持续下降,形成或扩大了降落漏斗。

4.2.1　地下水位下降

信阳水文地质研究程度较高,主要成果有 20 世纪 80 年代的 1:20 万区域水文地质普查,2004 年的河南省地下水资源与环境,2016 年的河南省中深层地下水开发利用调查评价报告等。以上成果对地下水埋深均给出了较为准确的数据,对比以往成果,地下水位埋深变化趋势见图 4-1,地下水位埋深变化规律如下。

据《信阳幅 1:20 万区域水文地质普查报告》《固始幅 1:20 万区域水文地质普查报告》,信阳市大部分地区 1988 年中深层地下水压力水头均高于浅层地下水位,埋深为 6.69 m,高出地面 4 m。仅在固始县城一带,1974 年地下水位埋深为 7.0~9.43 m,至 1988 年,因固始县供水水源地及各生产井开采形成降落漏斗,面积达 366 km²,西到杨集,东到分水亭,北过李店乡,南抵柳树店一带,地下水位埋深 30~41 m,年均下降速率 2~2.9 m。后来因改用地表水水源,此漏斗早已不复存在。

据《河南省地下水资源与环境》,2001 年信阳市地下水位埋深小于 4 m。

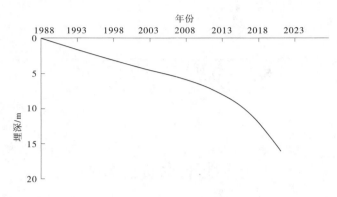

图 4-1　中深层地下水埋深变化趋势

据《河南省中深层地下水开发利用调查评价报告》，2016 年息县一带，水位埋深小于 10 m。信阳市中深层地下水开采量为 3 390.00 万 m³/a。

本次调查结果表明，淮河以北的路口乡—小茴店镇—赵集镇一带及以北区域，地下水位埋深一般为 5~10 m，局部小于 5 m；息县县城—长陵乡—淮滨县城一带及其两侧，地下水位埋深一般为 10~20 m，局部 5~10 m 或 20~30 m；其他区域地下水位埋深大于 20 m。

以上成果资料表明，信阳市中深层地下水位呈持续下降态势，年均下降速率约 0.5 m。

4.2.2　地下水降落漏斗

本次调查结果表明，在罗山县城—潢川县城—固始县城—三河尖镇一带，地下水位埋深 20~80 m，局部小于 20 m，因开采地下水形成两处降落漏斗(见图 4-2)。

(1)潢川县黄寺岗镇降落漏斗。开采量为 2 800 m³/d，降落漏斗中心地下水位埋深达 72.13 m(统测时为动水位)，较附近下降了约 40 m，降落漏斗面积约 39.67 km²。依据距离较近的本次 S4 号抽水试验资料(出水量 480 m³/d，降深 1.75 m)进行推算，在不开采条件下水位将有所恢复，降落漏斗中心水位埋深约 61.92 m，降落漏斗面积将有所减小。

(2)固始县杨集乡降落漏斗。开采量为 500 m³/d，降落漏斗中心地下水位埋深达 82.63 m(统测时为动水位)，较附近下降了约 50 m，降落漏斗面积约 28.66 km²。依据距离较近的本次 S6 号、S8 号抽水试验资料(出水量均为 480 m³/d，降深分别为 10.47 m、6.88 m)进行推算，在不开采条件下水位将有所恢复，降落漏斗中心水位埋深 72.16~75.75 m，漏斗面积也将有所减小。

据《河南省中深层地下水开发利用调查评价报告》，信阳市中深层地下水开采量为 3 390.00 万 m³/a，本次调查中深层地下水开采量为 9 337.43 万 m³/a，已形成两个降落漏斗，总面积为 68.33 km²。随着开采量的不断增加，地下水位将持续下降，若不采取合理的措施，降落漏斗也将进一步扩大和增加。

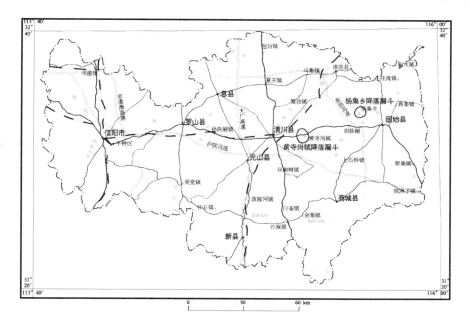

图 4-2　中深层地下水降落漏斗分布

5　中深层地下水资源量评价

5.1　评价原则、环境约束条件及计算方法

5.1.1　评价原则

本次中深层地下水计算分区按前述地下水系统划分,以计算可开采资源量为主;计算范围为平原区。

评价深度为目前的勘探及开采深度,一般为 100~350 m,含水层底板时代为下更新统及新近系上部,顶板埋深大致划分至中更新统底板深度,一般为 40~60 m。

5.1.2　环境约束条件

为使中深层地下水资源得到可持续开发利用,不致产生不良环境地质问题,中深层地下水开采资源量的计算与评价重点考虑了地面沉降因素,以每年允许地面沉降量和允许地面沉降总量作为环境约束条件。本次可开采资源弹性释水量根据以上环境约束条件,中深层地下水水头下降按每年 1.0 m 计算。

中深层地下水埋深大部分区域在 5~30 m,按每年下降 1.0 m 考虑,近期不会对含水层产生疏干影响,也不会造成现有中深井和抽水设备的报废,因浅层地下水与中深层地下水联系不密切,也不会对浅层地下水产生影响。因此,计算中深层地下水资源量时,水头下降值按每年 1.0 m 考虑是合适的。

5.1.3　计算方法

5.1.3.1　可开采资源量计算方法

(1)可开采资源量的组成。《1:20 万区域水文地质普查报告》(桐柏幅、信阳幅、固始幅)三个成果均未进行越流量计算;水文地质剖面显示浅层地下水与中深层地下水含水层之间存在较厚的粉质黏土和黏土层,有着很好的隔水作用;中深层地下水水头普遍高于浅层地下水位 3~30 m 不等,也可说明二者水力联系差。因此,本次中深层地下水资源量的计算不考虑浅层的越流补给。中深层地下水可开采资源量由侧向径流补给量、弹性释水量两部分组成。

(2)可开采资源量计算公式。侧向径流补给量采用达西公式进行计算,弹性释水量采用弹性释水系数法进行计算。中深层地下水可开采资源量计算公式如下:

$$Q_{可采} = Q_{侧补} + Q_{弹释} \tag{5-1}$$

式中　$Q_{可采}$——可开采资源量,万 m³/a;

　　　$Q_{侧补}$——侧向径流补给量,万 m³/a;

　　　$Q_{弹释}$——水头下降 1 m 时的弹性释水量,万 m³/a。

5.1.3.2　弹性储存资源量计算方法

中深层地下水弹性储存资源量按下列公式进行计算:

$$Q_{弹储} = \mu^* \times \Delta H \times F \tag{5-2}$$

$$\mu^* = \mu_e \times M_{cp} \tag{5-3}$$

式中　$Q_{弹储}$——弹性储存量,万 m³;

　　　μ^*——含水层弹性释水系数,无量纲;

　　　μ_e——比弹性释水系数,m⁻¹;

　　　M_{cp}——含水层厚度,m;

　　　ΔH——水位下降值,m,取中深层地下水静水位至含水层顶板的高度;

　　　F——计算区面积,km²。

5.2　计算单元划分

中深层地下水资源量评价区的范围:以基岩出露区及基岩埋深不大于 50 m 的区域界线为界,为松散覆盖层厚度大于 50 m 的区域,总面积 7 434.93 km²。按照前述的地下水系统,先将评价区划分为 2 个大区。即 I 区:淮河河谷及冲积平原、冲湖积低平缓平原的强—极强富水区;II 区:淮河以南冲洪积倾斜平原的弱—中等富水区。再根据地形地貌及水文地质条件,将 I 区进一步划分为 I₁~I₅ 等 5 个评价单元,II 区进一步划分为 II₁~II₇ 等 7 个评价单元,共计 12 个评价单元。各计算分区的分布情况见图 5-1。

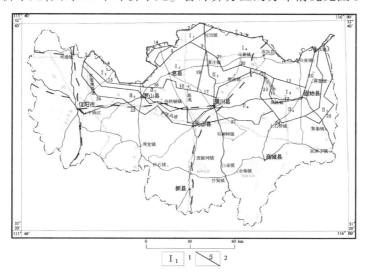

1—分区代号;2—断面及编号。

图 5-1　中深层地下水资源评价范围及计算分区

5.3 计算参数选取

参与中深层地下水资源计算的水文地质参数主要有含水层渗透系数(K),含水层、弱透水层比弹性释水系数(μ_e)。本次采用实测和引用以前成果相结合的方法选取参数。

5.3.1 本次工作参数

本次共完成中深层抽水试验 15 组(见表 5-1),均为单孔完整井非稳定流抽水试验。中深层含水层为承压水含水层,利用水文地质参数计算软件 Aquifer Test 进行参数计算。参照《供水水文地质勘察规范》(GB 50027—2001),利用 Aquifer Test 软件,中深层承压水含水层选取 Neuman 和 Boulton 两种分析方法进行计算。S1~S15 抽水试验的两种分析方法的标准曲线拟合图,分别见图 5-2~图 5-31。根据两种分析方法,求出 15 组中深层承压含水层的水文地质参数。对比两种分析方法所得参数,发现总体上差别不大,为了减小误差,选取两种分析方法所得参数的均值作为最终结果(见表 5-2)。

表 5-1 中深层地下水抽水试验基本情况

试验编号	位置	井深/m	钻孔半径/m	井管半径/m	滤水管长度/m	静水位埋深/m	含水层岩性
S1	平桥区肖王镇许岗村肖王水厂	120	0.3	0.2	12	27.77	泥质中粗砂、砂砾石
S2	罗山县宝城街道桑园村毕塆东	120	0.3	0.175	6	34.18	中细砂
S3	光山县寨河镇杜岗村东北	108	0.3	0.2	12	23.80	粉细砂、中细砂
S4	潢川县魏岗乡首集魏岗水厂	180	0.3	0.175	12	10.20	含砾中粗砂、粗砂
S5	固始县分水亭镇清心自来水厂	140	0.25	0.15	54	8.15	砾砂
S6	固始县胡族铺镇新店集中供水站	160	0.25	0.136 5	48	19.12	中粗砂
S7	固始县柳树店乡柳树店村集中供水站	124	0.25	0.136 5	42	18.82	砾砂、细砾
S8	固始县洪埠乡集中供水站	200	0.25	0.136 5	30	9.26	中细砂
S9	固始县三河尖镇集中供水站	160	0.25	0.15	18	9.87	中粗砂、砾砂
S10	淮滨县芦集乡王家空村南王家空水厂	300	0.25	0.136 5	48	15.8	中粗砂、中细砂
S11	淮滨县期思镇高庄村高庄供水站	350	0.25	0.136 5	72	19.6	中粗砂、中细砂
S12	息县夏庄镇夏庄水厂	100	0.25	0.15	24	13.83	粉细砂
S13	淮滨县赵集镇鑫龙自来水有限公司	330	0.25	0.136 5	72	15.64	细砂、粉细砂
S14	息县岗李店乡孙老庄村西北水厂	100	0.25	0.15	24	9.59	中砂、粗砂砾石
S15	息县白土店乡街村供水站	75	0.25	0.15	24	5.24	中粗砂、粗砂砾石

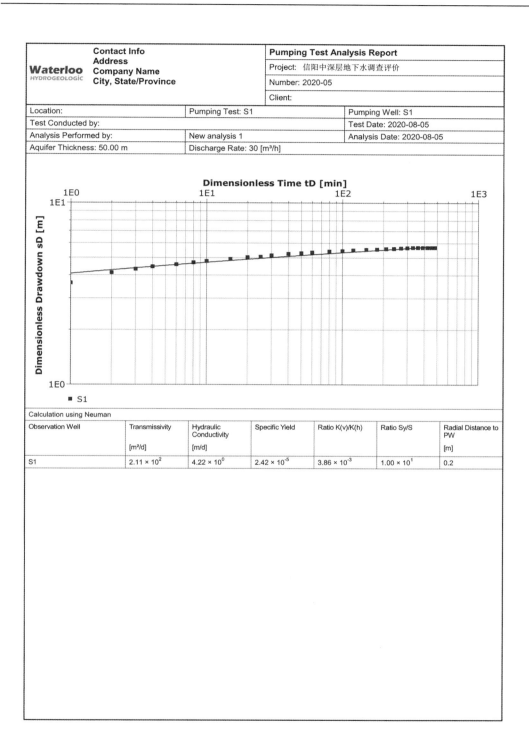

图 5-2　S1 抽水试验 Neuman 法标准曲线拟合

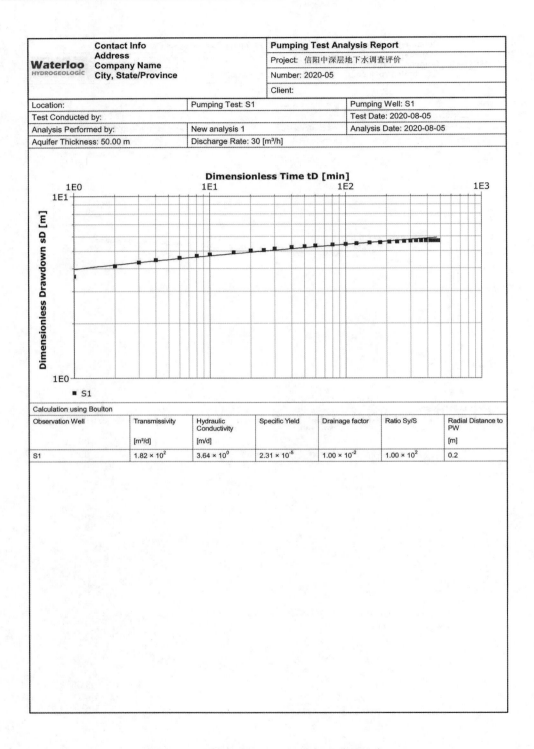

图 5-3　S1 抽水试验 Boulton 法标准曲线拟合

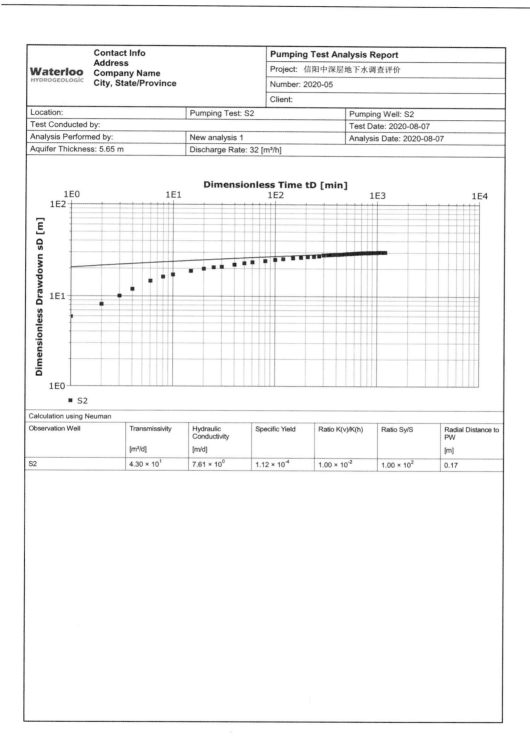

图 5-4　S2 抽水试验 Neuman 法标准曲线拟合

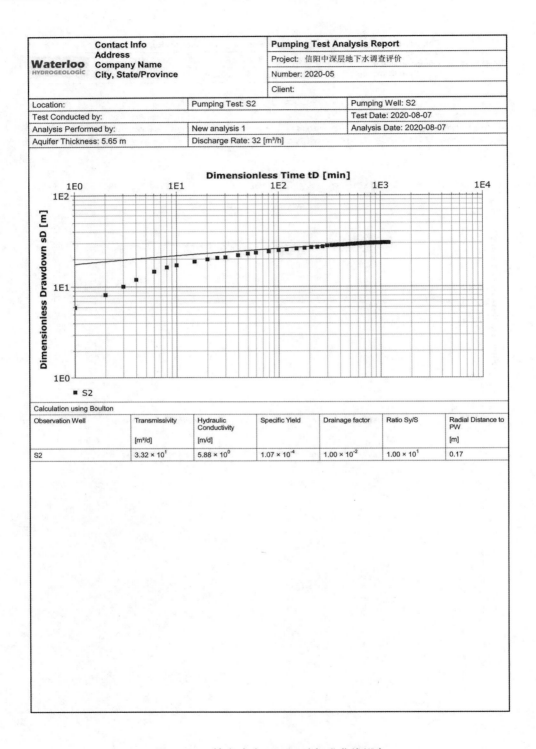

图 5-5　S2 抽水试验 Boulton 法标准曲线拟合

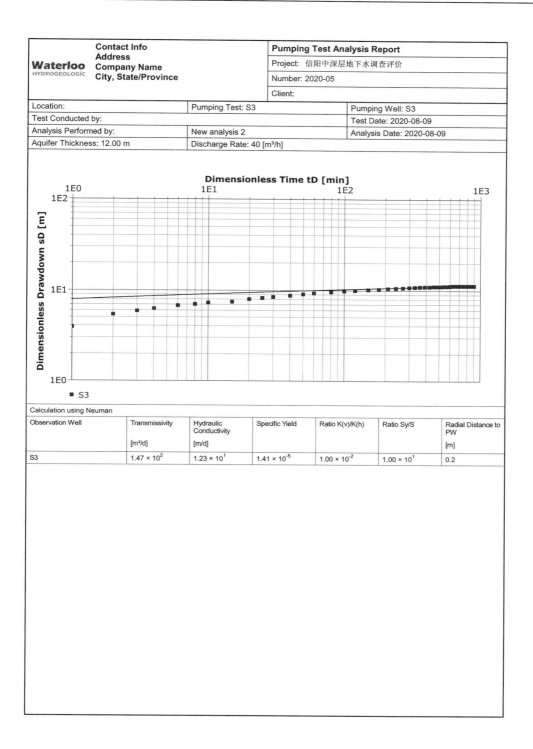

图 5-6 S3 抽水试验 Neuman 法标准曲线拟合

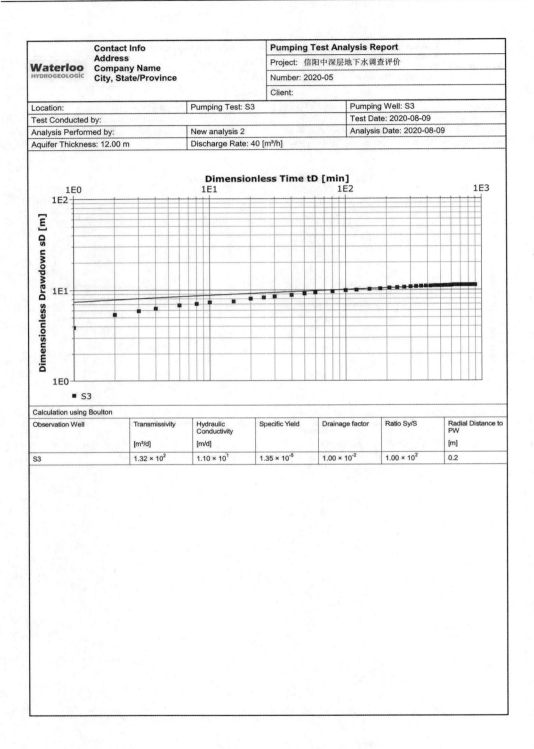

Contact Info Address **Waterloo** HYDROGEOLOGIC Company Name City, State/Province		**Pumping Test Analysis Report**	
		Project: 信阳中深层地下水调查评价	
		Number: 2020-05	
		Client:	
Location:	Pumping Test: S3		Pumping Well: S3
Test Conducted by:			Test Date: 2020-08-09
Analysis Performed by:	New analysis 2		Analysis Date: 2020-08-09
Aquifer Thickness: 12.00 m	Discharge Rate: 40 [m³/h]		

Calculation using Boulton

Observation Well	Transmissivity [m²/d]	Hydraulic Conductivity [m/d]	Specific Yield	Drainage factor	Ratio Sy/S	Radial Distance to PW [m]
S3	1.32×10^{2}	1.10×10^{1}	1.35×10^{-5}	1.00×10^{-2}	1.00×10^{2}	0.2

图 5-7　S3 抽水试验 Boulton 法标准曲线拟合

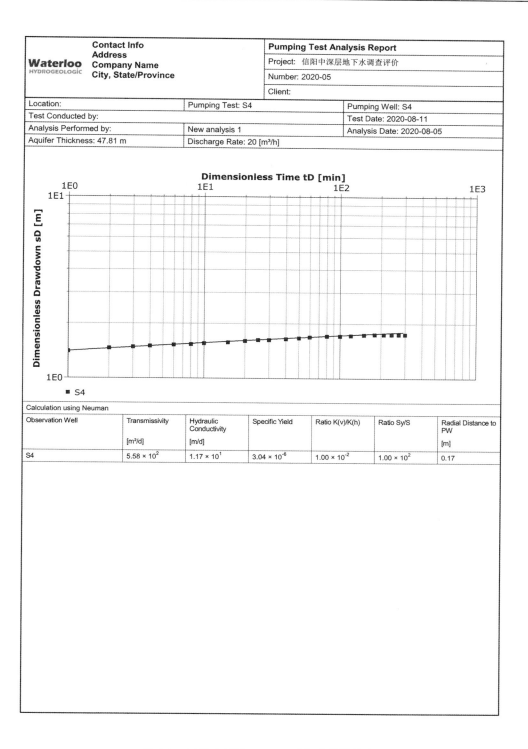

图 5-8　S4 抽水试验 Neuman 法标准曲线拟合

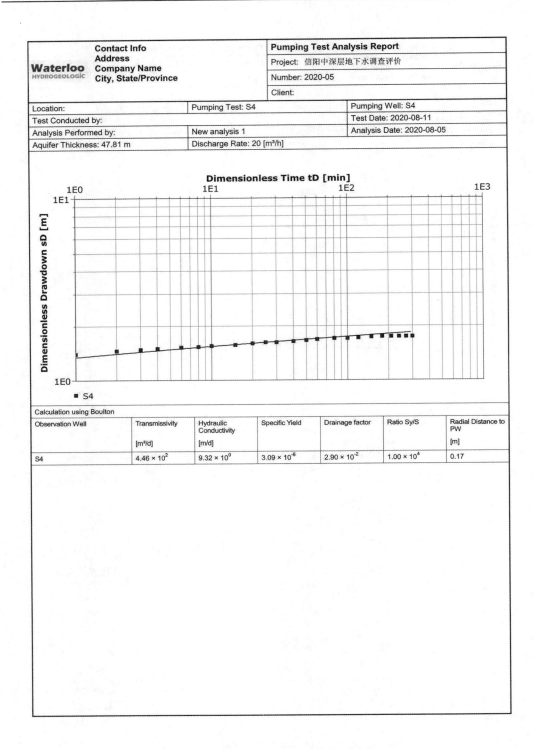

图 5-9 S4 抽水试验 Boulton 法标准曲线拟合

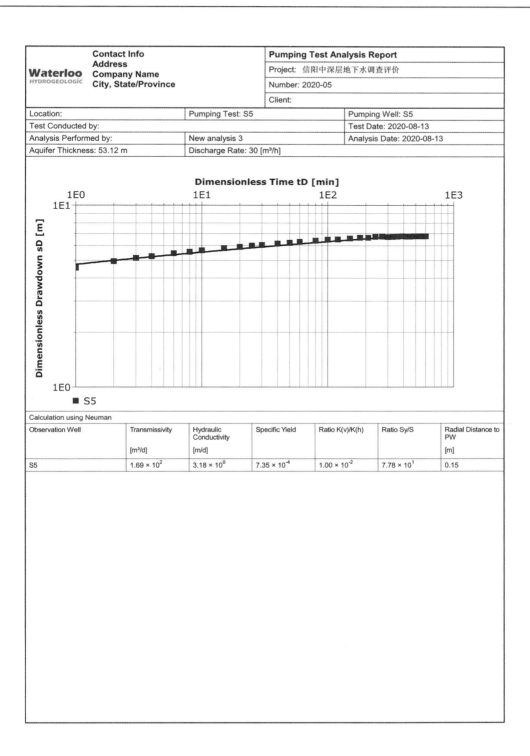

图 5-10　S5 抽水试验 Neuman 法标准曲线拟合

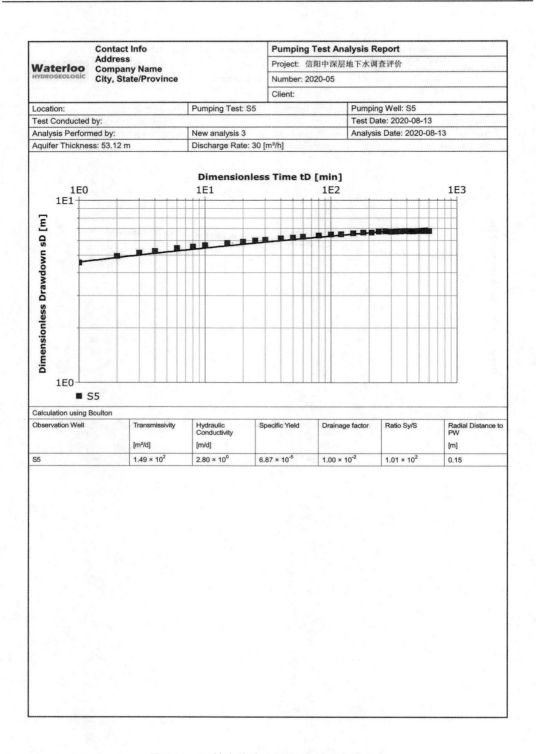

图 5-11　S5 抽水试验 Boulton 法标准曲线拟合

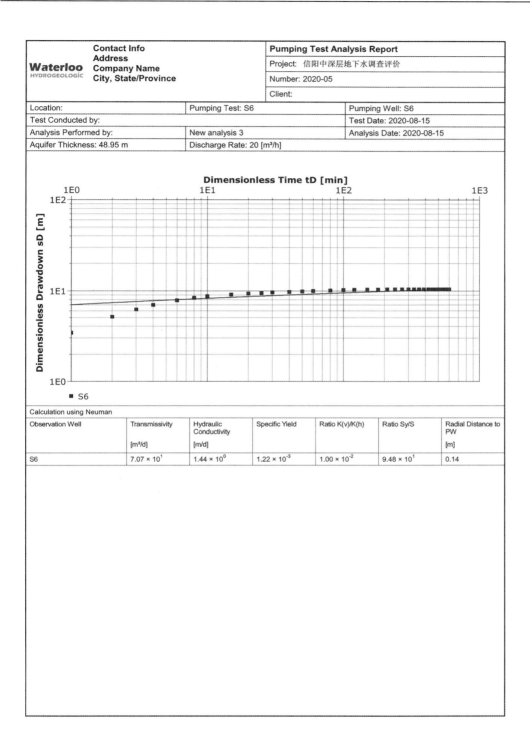

图 5-12　S6 抽水试验 Neuman 法标准曲线拟合

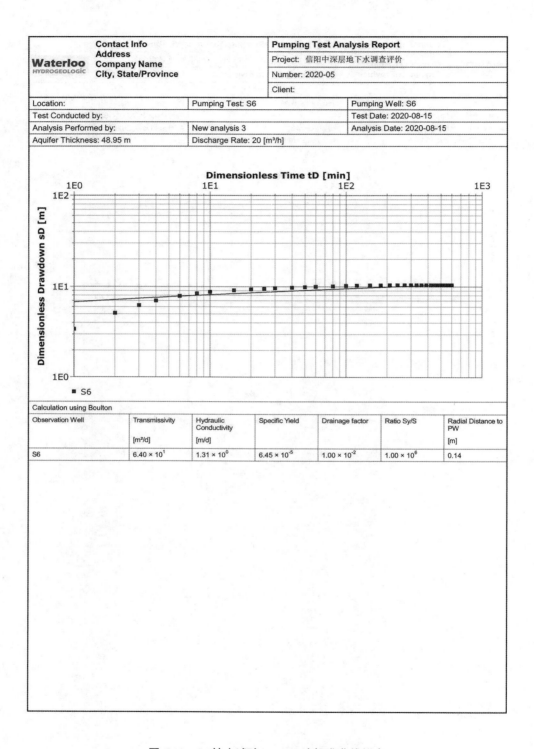

图 5-13　S6 抽水试验 Boulton 法标准曲线拟合

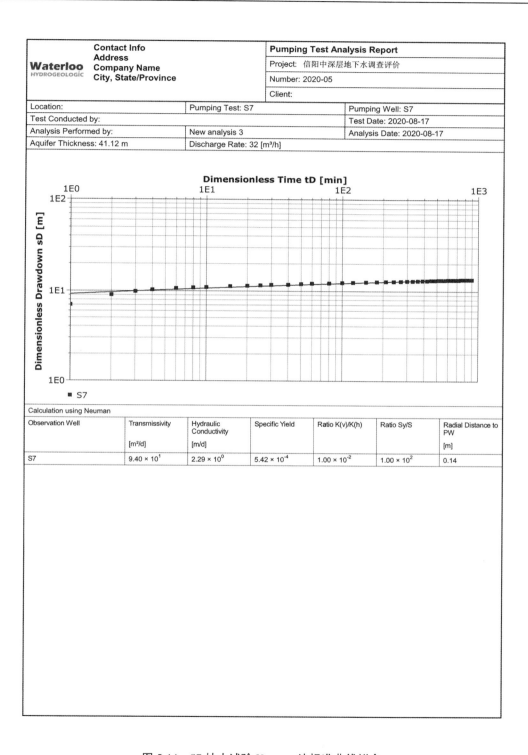

图 5-14　S7 抽水试验 Neuman 法标准曲线拟合

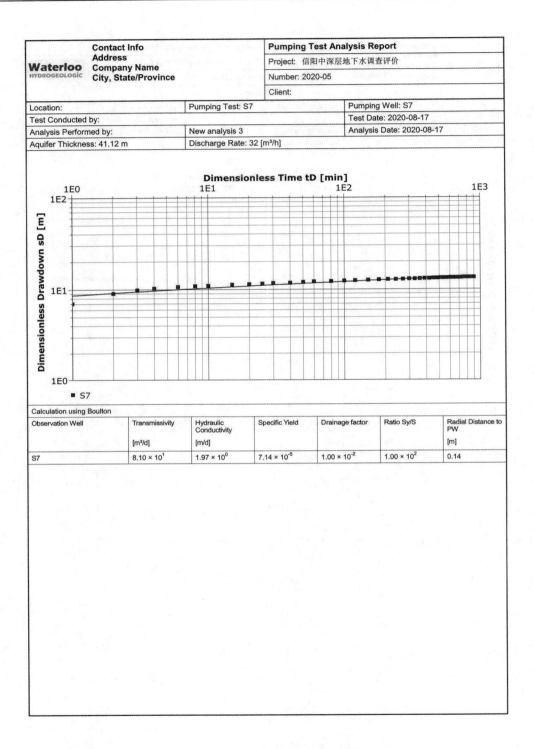

图 5-15　S7 抽水试验 Boulton 法标准曲线拟合

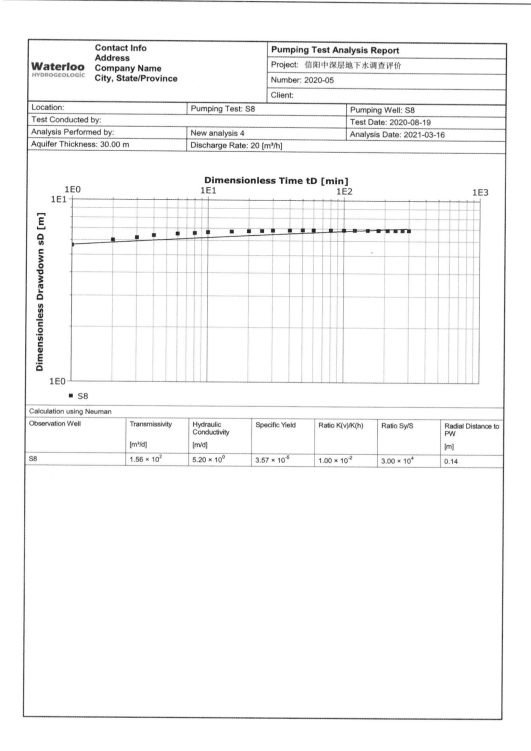

图 5-16　S8 抽水试验 Neuman 法标准曲线拟合

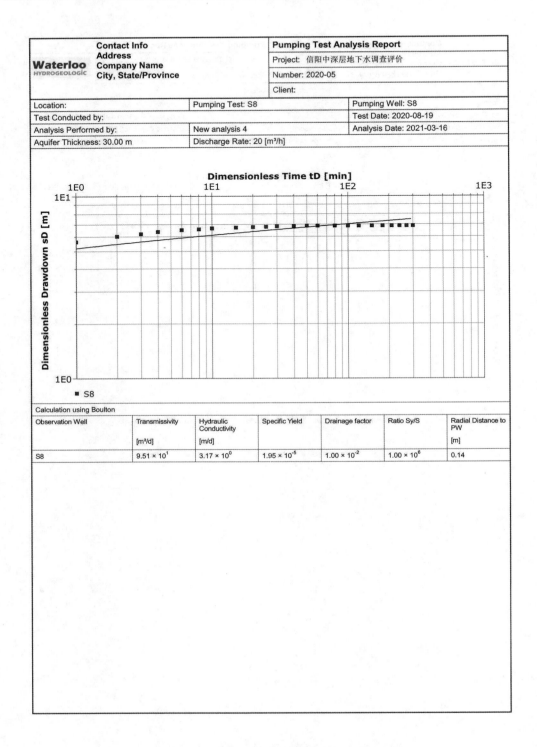

图 5-17　S8 抽水试验 Boulton 法标准曲线拟合

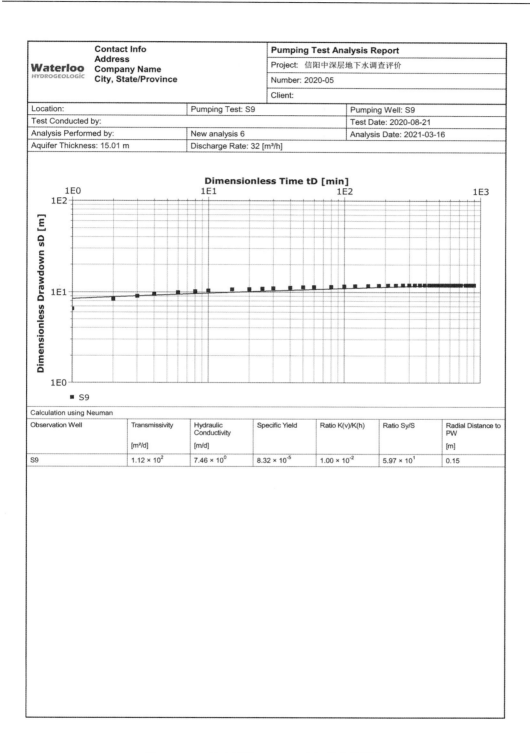

图 5-18   S9 抽水试验 Neuman 法标准曲线拟合

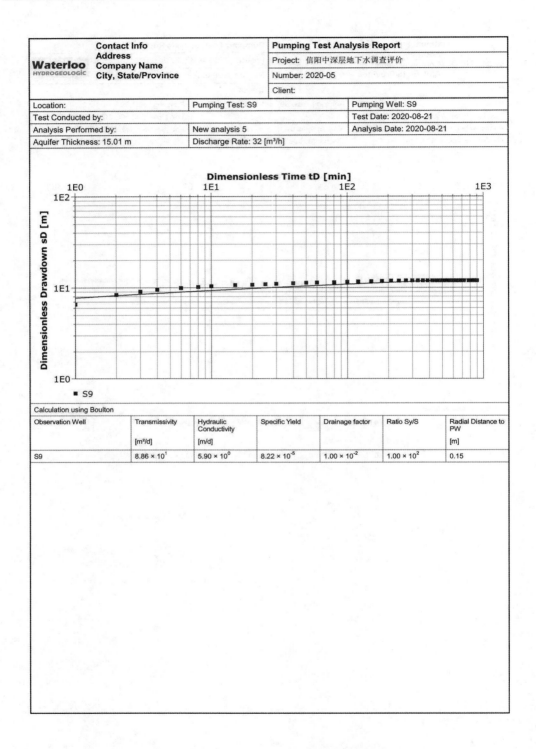

图 5-19　S9 抽水试验 Boulton 法标准曲线拟合

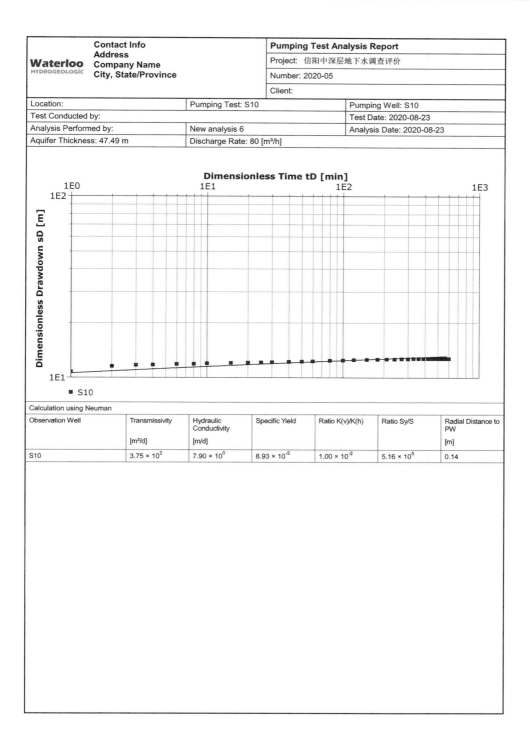

图 5-20　S10 抽水试验 Neuman 法标准曲线拟合

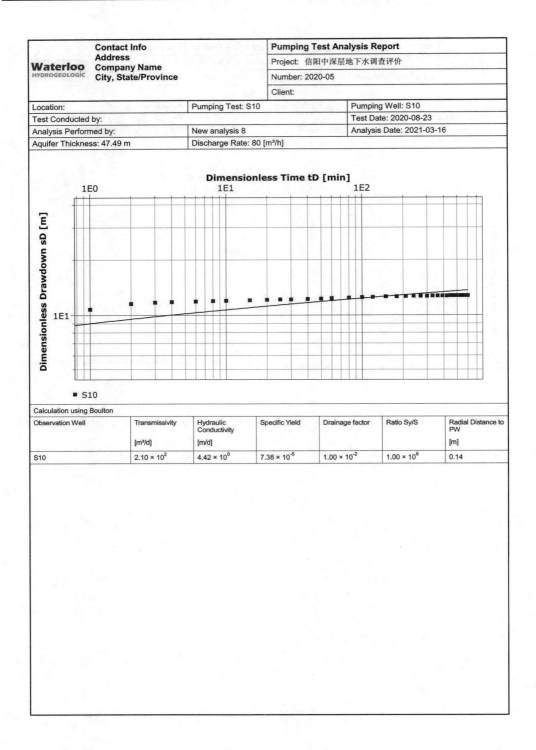

图 5-21　S10 抽水试验 Boulton 法标准曲线拟合

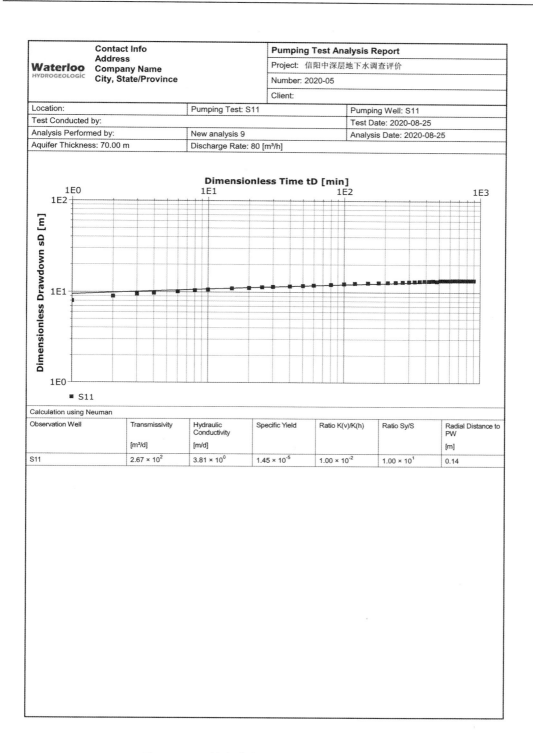

图 5-22　S11 抽水试验 Neuman 法标准曲线拟合

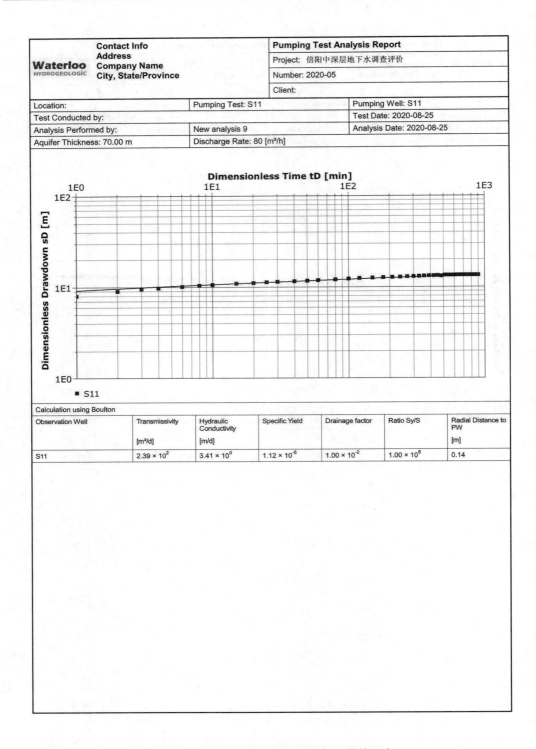

图 5-23　S11 抽水试验 Boulton 法标准曲线拟合

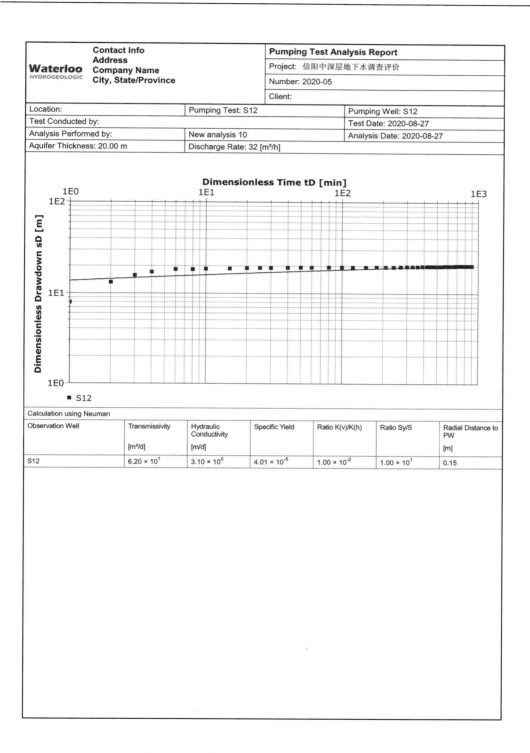

图 5-24 S12 抽水试验 Neuman 法标准曲线拟合

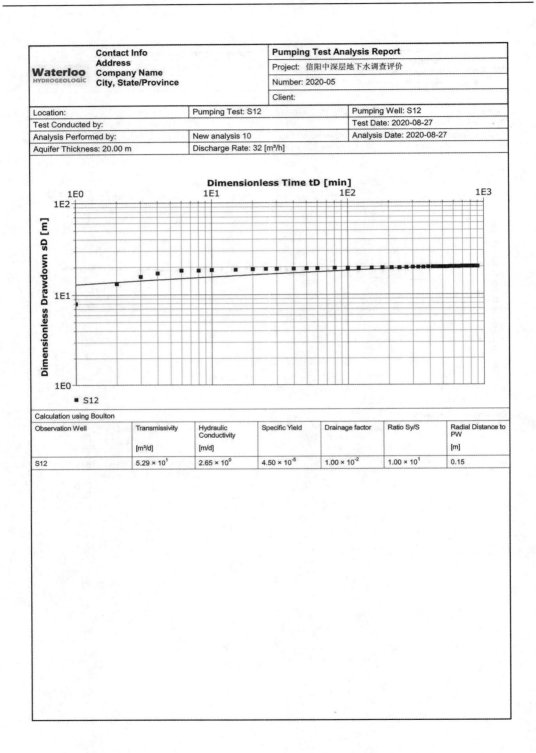

图 5-25 S12 抽水试验 Boulton 法标准曲线拟合

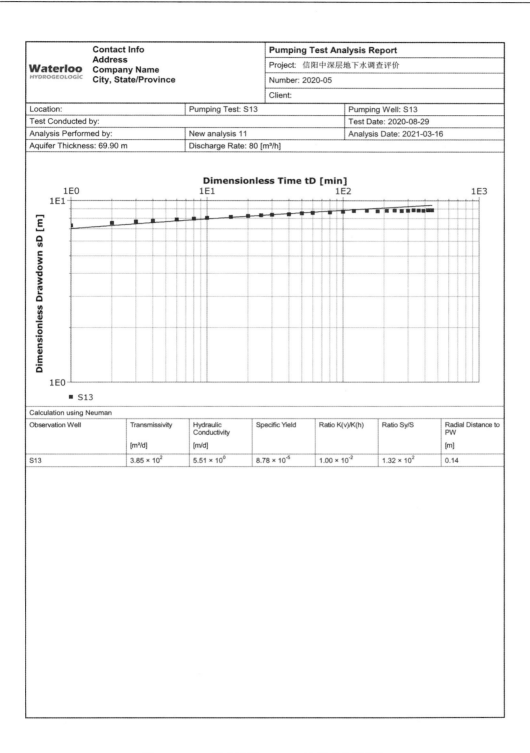

图 5-26 S13 抽水试验 Neuman 法标准曲线拟合

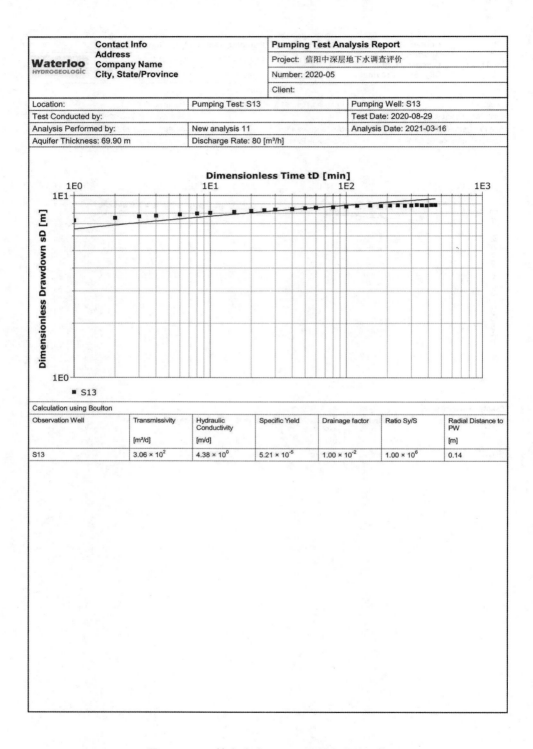

图 5-27　S13 抽水试验 Boulton 法标准曲线拟合

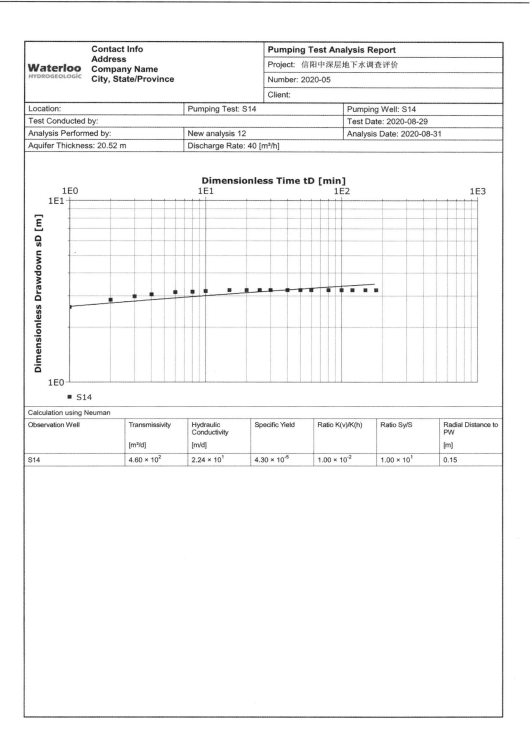

图 5-28　S14 抽水试验 Neuman 法标准曲线拟合

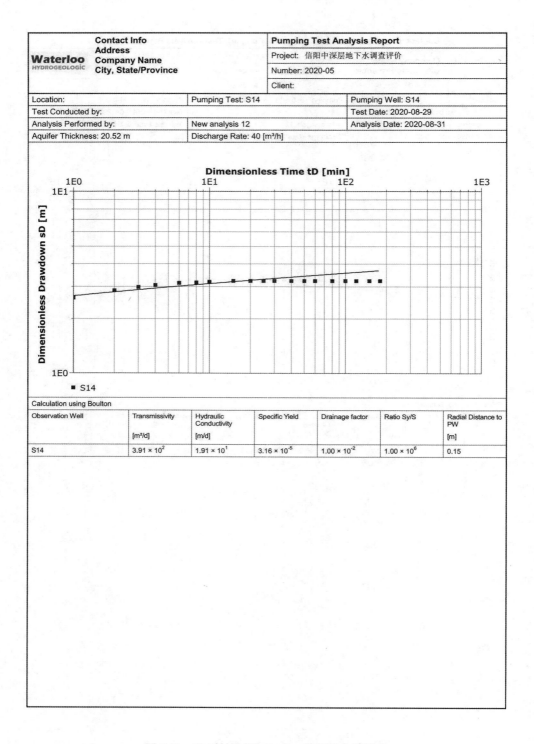

图 5-29　S14 抽水试验 Boulton 法标准曲线拟合

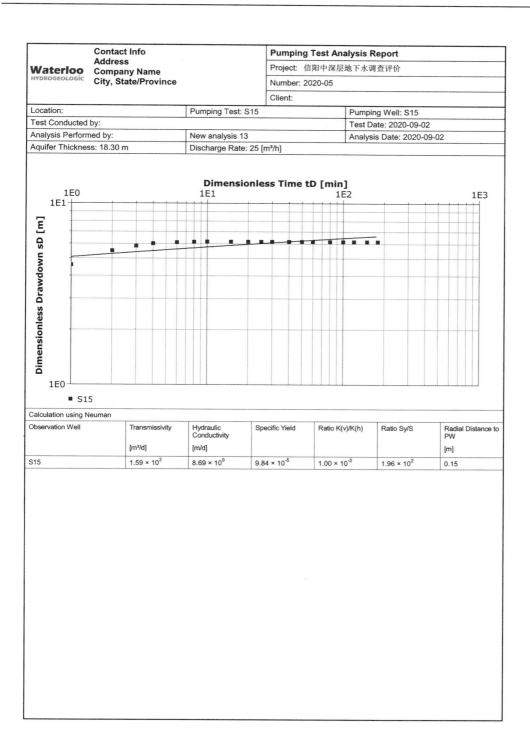

图 5-30 S15 抽水试验 Neuman 法标准曲线拟合

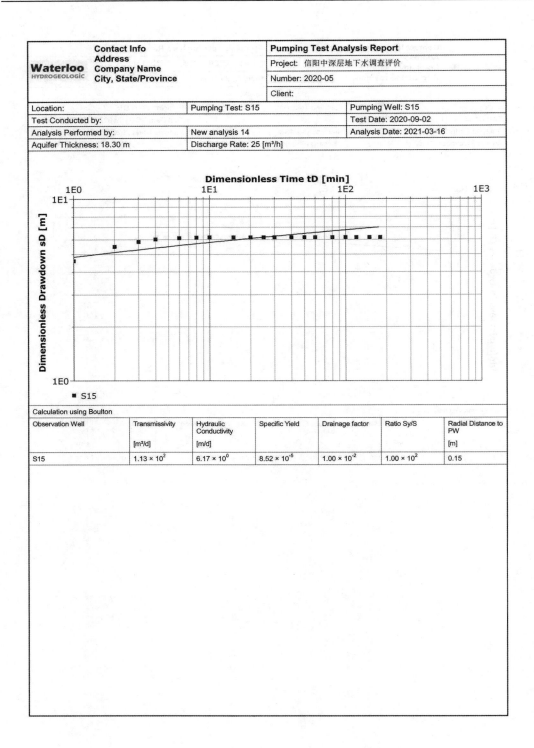

图 5-31　S15 抽水试验 Boulton 法标准曲线拟合

表 5-2 中深层地下水机民井抽水试验成果

编号	含水层厚度/m	静水位/m	动水位/m	水位降深/m	出水量/(m³/d)	渗透系数 K/(m/d)			比弹性释水系数 μ_e/m^{-1}		
						Neuman	Boulton	均值	Neuman	Boulton	均值
S1	50.00	27.77	33.46	5.69	720	4.22	3.64	3.93	2.42×10^{-5}	2.31×10^{-5}	2.37×10^{-5}
S2	5.65	34.18	64.29	30.11	768	7.61	5.88	6.75	1.12×10^{-4}	1.07×10^{-4}	1.10×10^{-4}
S3	12.00	23.80	35.14	11.34	960	12.30	11.00	11.65	1.41×10^{-5}	1.35×10^{-5}	1.38×10^{-5}
S4	47.81	10.20	11.95	1.75	480	11.70	9.32	10.51	3.04×10^{-6}	3.09×10^{-6}	3.07×10^{-6}
S5	53.12	8.15	14.92	6.77	720	3.18	2.80	2.99	7.35×10^{-4}	6.87×10^{-5}	4.02×10^{-4}
S6	48.95	19.12	29.59	10.47	480	1.44	1.31	1.38	1.22×10^{-3}	6.45×10^{-5}	6.42×10^{-4}
S7	41.12	18.82	32.22	13.40	768	2.29	1.97	2.13	5.42×10^{-4}	7.14×10^{-5}	3.07×10^{-4}
S8	30.00	9.26	16.14	6.88	480	5.20	3.17	4.19	3.57×10^{-5}	1.95×10^{-5}	2.76×10^{-5}
S9	15.01	9.87	21.85	11.98	768	7.46	5.90	6.68	8.32×10^{-5}	8.22×10^{-5}	8.27×10^{-5}
S10	47.49	15.80	28.56	12.76	1 920	7.90	4.42	6.16	8.93×10^{-5}	7.38×10^{-5}	8.16×10^{-5}
S11	70.00	19.60	33.08	13.48	1 920	3.81	3.41	3.61	1.45×10^{-5}	1.12×10^{-5}	1.29×10^{-5}
S12	20.00	13.83	33.91	20.08	768	3.10	2.65	2.88	4.01×10^{-5}	4.50×10^{-5}	4.26×10^{-5}
S13	69.90	15.64	24.50	8.86	1 920	5.51	4.38	4.95	8.78×10^{-5}	5.21×10^{-5}	7.0×10^{-5}
S14	20.52	9.59	12.50	2.91	960	22.40	19.10	20.75	4.30×10^{-5}	3.16×10^{-5}	3.73×10^{-5}
S15	18.30	5.24	11.41	6.17	600	8.69	6.17	7.43	9.84×10^{-5}	8.52×10^{-5}	9.18×10^{-5}

5.3.2　以往成果参数

收集以往水文地质成果,主要有《河南省中深层地下水开发利用调查评价报告》《河南省地下水资源与环境研究报告》《河南省地下水资源图》及《1∶20万区域水文地质普查报告》(桐柏幅、信阳幅、固始幅、随县幅、新县幅、商城幅)等,以往成果水文地质参数见表5-3。

表5-3　以往成果水文地质参数

成果名称	导水系数 $T/(\mathrm{m}^2/\mathrm{d})$	比弹性释水系数 μ_e/m^{-1}		说明
		含水层	弱透水层	
1∶20万区域水文地质普查报告(桐柏幅)	—	4.18×10^{-4}	—	引用邻近资料
1∶20万区域水文地质普查报告(信阳幅)	—	$2.27\times10^{-6}\sim$ 4.50×10^{-6}	$1.13\times10^{-4}\sim$ 1.5×10^{-4}	引用邻近资料
1∶20万区域水文地质普查报告(固始幅)	—	$1.18\times10^{-5}\sim$ 1.37×10^{-5}	—	引用邻近资料
河南省中深层地下水开发利用调查评价报告	$50\sim300$	$4.44\times10^{-5}\sim$ 5.88×10^{-5}	$6.67\times10^{-6}\sim$ 1.06×10^{-5}	引用、实测
河南省地下水资源与环境研究报告	$40\sim200$	$1.18\times10^{-5}\sim$ 4.66×10^{-5}	$1.13\times10^{-5}\sim$ 1.81×10^{-5}	引用邻近资料

5.3.3　计算参数的优选

从表5-3可以看出,以往成果大多为引用或整合已完项目的水文地质参数,主要采用非稳定流抽水试验确定,参数较为可靠,但均未进行过实地抽水试验确定参数。本次抽水试验计算成果与以往成果没有太大的差别,满足本次工作要求,因此渗透系数(K)、含水层比弹性释水系数(μ_e)采用本次抽水试验成果;弱透水层比弹性释水系数(μ_e)因本次工作未进行计算,故采用《1∶20万区域水文地质普查报告》(信阳幅)的成果。在此基础上,根据各分区的水文地质条件给出各分区的参数,中深层地下水水文地质参数见表5-4。

表5-4　中深层地下水水文地质参数

区号	渗透系数 $K/(\mathrm{m}/\mathrm{d})$	比弹性释水系数 μ_e/m^{-1}	
		含水层	弱透水层
I_1	20.75	3.73×10^{-5}	1.50×10^{-4}
I_2	3.93	2.37×10^{-5}	1.13×10^{-4}
I_3	7.43	4.18×10^{-5}	1.50×10^{-4}

续表 5-4

区号	渗透系数 $K/$ （m/d）	比弹性释水系数 μ_e/m^{-1}	
		含水层	弱透水层
I_4	5.56	3.58×10^{-5}	1.13×10^{-4}
I_5	4.19	2.76×10^{-5}	1.13×10^{-4}
II_1	5.26	1.18×10^{-5}	1.50×10^{-4}
II_2	11.65	1.38×10^{-5}	1.13×10^{-4}
II_3	10.51	3.07×10^{-6}	1.13×10^{-4}
II_4	6.68	3.27×10^{-5}	1.13×10^{-4}
II_5	6.75	1.10×10^{-4}	1.13×10^{-4}
II_6	3.67	1.37×10^{-5}	1.13×10^{-4}
II_7	4.72	1.18×10^{-5}	1.13×10^{-4}

5.4 资源量计算

5.4.1 可开采资源量计算

5.4.1.1 侧向径流补给量（$Q_{侧补}$）

中深层地下水侧向径流补给量按如下公式进行计算：

$$Q_{侧补} = K \times I \times B \times H = T \times I \times B \qquad (5\text{-}4)$$

式中 $Q_{侧补}$——侧向径流补给量，万 m^3/a；

K——渗透系数，m/d；

I——水力坡度，根据 2020 年 7 月实测的中深层地下水位等值线图确定；

B——断面宽度，m；

H——含水层厚度，m；

T——中深层地下水含水层导水系数，$T=K\times B$，m^2/d。

经计算，中深层地下水侧向径流补给量见表 5-5。

表 5-5 中深层地下水侧向径流补给量计算结果

分区编号	断面编号	平均渗透系数/（m/d）	平均含水层厚度/m	水力坡度	计算断面宽度/m	侧向径流补给量/（万 m^3/a）
I_1	1	20.75	62.5	0.000 52	13 140	323.44
	2	20.75	62.5	0.000 83	19 100	—

续表 5-5

分区编号	断面编号	平均渗透系数/(m/d)	平均含水层厚度/m	水力坡度	计算断面宽度/m	侧向径流补给量/(万 m³/a)
I₂	3	3.93	50.1	0.001 19	10 500	89.80
	4	3.93	50.1	0.002 27	28 100	—
I₃	5	7.43	53.6	0.000 83	30 880	—
	6	7.43	53.6	0.000 83	15 540	—
I₄	7	5.56	62.4	0.005 00	34 620	2 192.04
	8	5.56	62.4	0.002 08	8 800	231.79
	9	5.56	62.4	0.001 31	13 330	—
	10	5.56	62.4	0.001 56	22 180	—
I₅	11	4.19	39.5	0.006 25	18 740	—
	12	4.19	39.5	0.005 00	24 100	—
	13	4.19	39.5	0.001 56	22 660	—
II₁	14	5.26	57.3	0.000 83	13 400	122.35
II₂	15	11.65	23.6	0.002 27	43 200	—
	16	11.65	23.6	0.000 69	7 400	—
	17	11.65	23.6	0.002 50	13 760	—
	18	11.65	23.6	0.002 50	37 600	—
II₃	19	10.51	42.8	0.002 27	29 310	—
	20	10.51	42.8	0.003 57	27 000	—
	21	10.51	42.8	0.008 33	16 200	—
II₄	22	6.68	32.4	0.000 26	3 600	7.39
	23	6.68	32.4	0.006 25	14 600	—
	24	6.68	32.4	0.001 32	29 400	—
II₅	25	6.75	8.8	0.002 27	19 600	96.46
	26	6.75	8.8	0.002 50	22 800	123.58
II₆	27	3.67	26.6	0.006 25	40 200	895.25
II₇	28	4.72	13.2	0.001 31	33 510	99.83
合计						4 181.93

注:未计算断面为内断面或零流量断面。

5.4.1.2 弹性释水量($Q_弹$)

弹性释水量($Q_弹$)是指单位面积承压含水层在压力下降一个单位时所释放出的水量。为使中深层地下水资源得到可持续开发利用,不致产生不良环境地质问题,本次弹性释水量按水头每年下降 1 m 进行计算,公式如下:

$$Q_{含弹} = \mu_e \times M_{cp} \times \Delta h \times F \tag{5-5}$$
$$Q_{弱弹} = \mu'_e \times M'_{cp} \times \Delta h \times F \tag{5-6}$$

式中　$Q_{含弹}$、$Q_{弱弹}$——含水层、弱透水层的弹性释水量,万 m³/a;

μ_e、μ'_e——含水层、弱透水层的比弹性释水系数,m⁻¹;

M_{cp}、M'_{cp}——含水层、弱透水层的平均厚度,m;

Δh——区域水位下降深度,m,计算时采用 1 m;

F——计算区面积,km²。

中深层地下水弹性释水量计算结果见表 5-6。

表 5-6　中深层地下水弹性释水量计算结果

分区编号	面积/km²	平均厚度/m		比弹性释水系数/m⁻¹		水头下降 1 m 时的弹性释水量/(万 m³/a)		
		含水层	弱透水层	含水层	弱透水层	含水层	弱透水层	合计
I₁	300.51	62.5	110	0.000 037 3	0.000 150	70.06	495.84	565.90
I₂	279.40	50.1	70	0.000 023 7	0.000 113	33.18	221.01	254.19
I₃	895.21	53.6	100	0.000 041 8	0.000 150	200.57	1 342.82	1 543.39
I₄	1 428.16	62.4	110	0.000 035 8	0.000 113	319.04	1 775.20	2 094.24
I₅	289.57	39.5	70	0.000 027 6	0.000 113	31.57	229.05	260.62
II₁	39.73	57.3	110	0.000 011 8	0.000 150	2.69	65.55	68.24
II₂	928.85	23.6	70	0.000 013 8	0.000 113	30.25	734.72	764.97
II₃	534.84	42.8	80	0.000 003 07	0.000 113	7.03	483.50	490.52
II₄	764.71	32.4	50	0.000 032 7	0.000 113	81.02	432.06	513.08
II₅	604.86	8.8	60	0.000 110 0	0.000 113	58.55	410.10	468.65
II₆	1 044.18	26.6	50	0.000 013 7	0.000 113	38.05	589.96	628.01
II₇	324.91	13.2	50	0.000 011 8	0.000 113	5.06	183.57	188.63
合计	7 434.93					877.06	6 963.38	7 840.44

5.4.1.3 中深层地下水可开采资源量

经计算,信阳市中深层地下水可开采资源量为 12 022.38 万 m³/a,其中侧向径流补给量 4 181.93 万 m³/a,水头下降 1 m 时的弹性释水量 7 840.44 万 m³/a。各计算分区的可开采资源量计算结果,见表 5-7。

表 5-7　中深层地下水可开采资源量分区计算结果

分区编号	面积/km²	可开采资源量/(万 m³/a)		
		侧向径流补给量	水头下降 1 m 时的弹性释水量	小计
I_1	300.51	323.44	565.90	889.34
I_2	279.40	89.80	254.19	343.99
I_3	895.21		1 543.39	1 543.39
I_4	1 428.16	2 423.83	2 094.24	4 518.08
I_5	289.57		260.62	260.62
II_1	39.73	122.35	68.24	190.59
II_2	928.85		764.97	764.97
II_3	534.84		490.52	490.52
II_4	764.71	7.39	513.08	520.47
II_5	604.86	220.04	468.65	688.69
II_6	1 044.18	895.25	628.01	1 523.26
II_7	324.91	99.83	188.63	288.46
合计	7 434.93	4 181.93	7 840.44	12 022.38

5.4.2　弹性储存资源量计算

中深层地下水弹性储存资源量是指地下水系统在地质历史时期积累保留下来的,补给来源较少,循环交替相对缓慢的,自含水层顶板算起的压力水头高度范围内的储存资源量。中深层地下水的富水性很大程度地反映在弹性储存资源量的大小上。按其计算公式进行计算,结果见表 5-8。

弹性储存资源量计算按下述公式:

$$Q_{弹} = \mu^* \times \Delta H \times F \tag{5-7}$$

$$\mu^* = \mu_e \cdot M_{cp} \tag{5-8}$$

式中　$Q_{弹}$——弹性储存资源量,万 m³;

　　　μ^*——承压含水层弹性释水系数;

　　　μ_e——比弹性释水系数,m⁻¹;

　　　M_{cp}——含水层厚度,m;

　　　ΔH——水位下降值,m,为中深层地下水静水位至含水层顶板的距离;

　　　F——计算区面积,km²。

表 5-8 中深层地下水弹性储存资源量计算结果

分区编号	计算面积/km²	含水层厚度/m	比弹性释水系数/m⁻¹	水位下降值/m	弹性储存资源量/万 m³	弹性储存资源模数/(万 m³/km²)
I_1	300.51	62.5	0.000 037 3	60	4 203.38	13.99
I_2	279.40	50.1	0.000 023 7	50	1 658.76	5.94
I_3	895.21	53.6	0.000 041 8	55	11 031.35	12.32
I_4	1 428.16	62.4	0.000 035 8	55	17 547.17	12.29
I_5	289.57	39.5	0.000 027 6	30	947.07	3.27
II_1	39.73	57.3	0.000 011 8	55	147.75	3.72
II_2	928.85	23.6	0.000 013 8	45	1 361.29	1.47
II_3	534.84	42.8	0.000 003 07	45	316.24	0.59
II_4	764.71	32.4	0.000 032 7	30	2 430.58	3.18
II_5	604.86	8.8	0.000 11	30	1 756.51	2.90
II_6	1 044.18	26.6	0.000 013 7	30	1 141.56	1.09
II_7	324.91	13.2	0.000 011 8	30	151.82	0.47
合计	7 434.93				42 693.48	5.74

5.5 各县区中深层地下水资源量

根据中深层地下水资源量分区计算结果,采用加权平均法将中深层地下水资源量分配到各县区,计算结果见表 5-9。

表 5-9 各县区中深层地下水资源量统计

县区名称	可开采资源量/(万 m³/a)	弹性储存资源量/万 m³
平桥区	553.22	2 038.54
罗山县	648.16	2 040.09
光山县	356.73	747.99
潢川县	1 451.91	1 234.82
息县	3 602.78	17 670.17
淮滨县	3 220.46	11 723.88
固始县	2 189.12	7 238.09
合计	12 022.38	42 693.48

5.6　计算结果评价

中深层地下水资源量包括可开采资源量与弹性储存资源量。中深层地下水可开采资源量主要由侧向径流补给量和弹性释水量两部分组成。中深层地下水每年可开采资源量为 12 022.38 万 m^3/a。其中:侧向径流补给量 4 181.95 万 m^3/a,水位下降 1 m 时的弹性释时的水量 7 840.44 万 m^3/a。由于近年来信阳经济社会的持续发展及安全饮用水工程的大量建设,中深层地下水的开采量大幅提升,水位不同程度下降已形成降落漏斗。

全市中深层地下水储存资源量 42 693.48 万 m^3,是补给量的近 4 倍。较大的储存资源量,使得中深层地下水具有一定的调蓄能力,合理动用部分储存资源量是可行的,不至于造成严重的环境地质问题,可以更有效地利用中深层地下水资源。

5.7　合理性分析

信阳市中深层地下水资源量计算主要采用弹性释水系数法,通过上述方法计算得出信阳市中深层地下水可开采资源量为 12 022.38 万 m^3/a。比照《河南省中深层地下水开发利用调查评价报告》(2016 年 11 月),该报告计算出全市中深层地下水可开采资源量为 13 483.36 万 m^3/a。两次计算的结果基本相当,通过对比分析,说明本次信阳市中深层地下水可开采资源量评价的计算方法、参数选取、计算过程和结果较为合理,较为准确地查明了全市中深层地下水资源量。

6　地下水水化学特征及水质评价

6.1　地下水水化学特征及其分布规律

本次共采集中深层地下水水样 30 组进行常规水质分析,分析项目为色度、嗅和味、浑浊度、肉眼可见物、pH、氯离子、硫酸根、碳酸氢根、碳酸根、氢氧根、钾离子、钠离子、钙离子、镁离子、总硬度、溶解性总固体、氨氮、铁、碘、砷、硝酸根、亚硝酸根、氟化物、耗氧量、硒、铬(六价)共 26 项。水样采集位置见表 6-1。

表 6-1　水样采集位置

水样编号	取样位置	水样编号	取样位置
SY1	平桥区肖店乡肖店村水厂	SY16	固始县三河尖镇黄郢村 西北三河尖镇集中供水站
SY2	平桥区五里镇西北五里镇水厂	SY17	固始县往流镇张围村南 300 m 往流镇集中供水站
SY3	罗山县尤店乡尤店村尤店水厂	SY18	固始县陈集镇鲍店村自来水厂
SY4	罗山县东铺镇黄塆村黄塆水厂	SY19	固始县胡族铺镇杨店集中供水站
SY5	罗山县龙山街道十里塘社区十里塘水厂	SY20	固始县胡族铺镇新店集中供水站
SY6	光山县孙铁铺镇周乡村光山县皖润自来水厂	SY21	淮滨县芦集乡王家空村南王家空水厂
SY7	光山县寨河镇陈兴寨村陈兴寨水厂	SY22	淮滨县期思镇高庄村高庄供水站
SY8	潢川县付店镇北潢川付店供水站	SY23	淮滨县台头乡台头村台头水厂
SY9	潢川县来龙乡首集村龙泉水厂	SY24	淮滨县赵集镇鑫龙自来水有限公司
SY10	潢川县伞陂镇万大桥村崔营组伞陂水厂	SY25	淮滨县防胡镇防胡水厂
SY11	潢川县桃林铺镇桃林水厂	SY26	息县夏庄镇夏庄水厂
SY12	固始县草庙集乡官田村东南草庙集自来水厂	SY27	息县关店镇柏庄村南柏庄水厂
SY13	固始县分水亭镇清心自来水厂	SY28	息县岗李店乡孙老庄村西北水厂
SY14	固始县柳树店乡柳树店村集中供水站	SY29	息县张陶乡街村水厂
SY15	固始县洪埠乡集中供水站	SY30	息县彭店乡王庄村自来水厂

根据水质分析资料及收集的历史时期水质资料,对地下水水化学特征进行阐述。中

深层地下水一般是无色、无味、无嗅、透明,地下水水温 16.5~20.5 ℃,pH 为 7.09~7.33。地下水水化学类型及分布受地貌、岩性、地下水径流条件及人为因素的影响。按照舒卡列夫分类原则,对地下水水化学类型进行划分。

信阳市中深层(含水层埋深 50~350 m)地下水水化学类型主要有 9 种,即 HCO_3-Ca型、HCO_3-Ca·Mg 型、HCO_3-Ca·Mg·Na 型、HCO_3-Ca·Na 型、HCO_3-Ca·Na·Mg 型、HCO_3-Na 型、HCO_3-Na·Ca 型、HCO_3-Na·Ca·Mg 型和 HCO_3-Na·Mg·Ca 型。信阳市中深层地下水水化学类型分区见图 6-1。

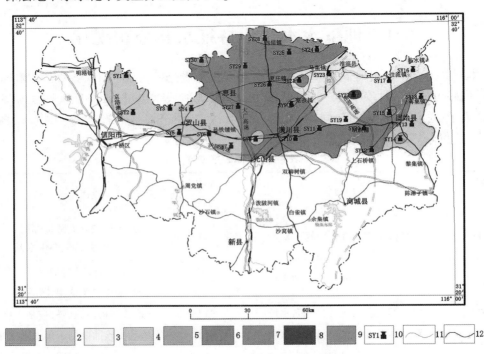

1—HCO_3-Ca 型;2—HCO_3-Ca·Mg 型;3—HCO_3-Na·Ca 型;4—HCO_3-Na·Mg·Ca 型;5—HCO_3-Ca·Mg·Na 型;
6—HCO_3-Ca·Na·Mg 型;7—HCO_3-Na·Ca·Mg 型;8—HCO_3-Na 型;9—HCO_3-Ca·Na 型;10—水样点及编号;
11—地下水水化学分区界线;12—中深层界线。

图 6-1　信阳市中深层地下水水化学类型分区

中深层地下水的水化学特征及分布规律分述如下:

(1)HCO_3-Ca 型:仅分布于息县彭店乡一带,面积约 54.88 km^2,占评价区总面积的 0.74%。溶解性总固体 387.48 mg/L,总硬度 280.22 mg/L。

(2)HCO_3-Ca·Mg 型:主要分布在西部的平桥区肖店乡—光山县寨河镇、东部的固始县分水亭镇—陈集镇一带,面积约 1 971.45 km^2,占中深层地下水水质评价区总面积的 26.52%。溶解性总固体 206.37~482.68 mg/L,总硬度 132.11~366.29 mg/L。

(3)HCO_3-Ca·Mg·Na 型:仅分布于固始县柳树店乡一带,面积约 29.35 km^2,占评价区总面积的 0.39%。溶解性总固体 242.98 mg/L,总硬度 154.12 mg/L。

(4)HCO_3-Ca·Na 型:主要分布在息县岗李店乡—淮滨县赵集镇一带,呈条带状东西展布,面积约 250.79 km^2,占评价区总面积的 3.37%。溶解性总固体 270.17~335.70

mg/L,总硬度 160.13~208.17 mg/L。

（5）HCO₃-Ca·Na·Mg 型:大面积分布于工作区的中部,息县北部—潢川县—固始县一带,面积约 3 702.82 km²,占评价区总面积的 49.80%。溶解性总固体 201.07~461.37 mg/L,总硬度 120.10~256.20 mg/L。

（6）HCO₃-Na 型:仅分布于淮滨县期思镇一带,面积约 25.53 km²,占评价区总面积的 0.34%。溶解性总固体 404.64 mg/L,总硬度 90.07 mg/L。

（7）HCO₃-Na·Ca 型:主要分布于东北部,淮滨县台头乡—固始县胡族铺镇—固始县三河尖镇一带,呈块状东西展布,面积约 1 321.46 km²,占评价区总面积的 17.77%。溶解性总固体 257.99~390.86 mg/L,总硬度 124.10~166.13 mg/L。

（8）HCO₃-Na·Ca·Mg 型:仅分布于淮滨县芦集乡一带,呈椭圆型,面积约 35.86 km²,占评价区总面积的 0.48%。溶解性总固体 407.54 mg/L,总硬度 210.17 mg/L。

（9）HCO₃-Na·Mg·Ca 型:仅分布于潢川县付店镇一带,呈椭圆型,面积约 42.96 km²,占评价区总面积的 0.58%。溶解性总固体 238.70 mg/L,总硬度 92.07 mg/L。

6.2 地下水水质评价

6.2.1 评价方法

6.2.1.1 生活饮用水评价方法

生活饮用水评价主要参考《生活饮用水卫生标准》(GB 5749—2006),评价方法采用单项组分评价方法(见表 6-2)。

表 6-2 生活饮用水评价水质指标及限值

指标	限值
总大肠菌群/(MPN/100 mL 或 CFU/100 mL)	不得检出
耐热大肠菌群/(MPN/100 mL 或 CFU/100 mL)	不得检出
大肠埃希氏菌/(MPN/100 mL 或 CFU/100 mL)	不得检出
菌落总数/(CFU/mL)	100
砷/(mg/L)	0.01
镉/(mg/L)	0.005
铬(六价)/(mg/L)	0.05
铅/(mg/L)	0.01
汞/(mg/L)	0.001
硒/(mg/L)	0.01
氰化物/(mg/L)	0.05

续表 6-2

指标	限值
氟化物/(mg/L)	1.0
硝酸盐(以 N 计)/(mg/L)	10;地下水源限制时为 20
色度(铂钴色度单位)	15
浑浊度(散射浑浊度单位)/(NTU)	1;水源与净水技术条件限制时为 3
臭和味	无异臭、异味
肉眼可见物	无
pH	不小于 6.5 且不大于 8.5
铝/(mg/L)	0.2
铁/(mg/L)	0.3
锰/(mg/L)	0.1
铜/(mg/L)	1.0
锌/(mg/L)	1.0
氯化物/(mg/L)	250
硫酸盐/(mg/L)	250
溶解性总固体/(mg/L)	1 000
总硬度(以 $CaCO_3$ 计)/(mg/L)	450
耗氧量(COD_{Mn} 法,以 O_2 计)/(mg/L)	3;水源限制,原水耗氧量>6 mg/L 时为 5
挥发性酚类(以苯酚计)/(mg/L)	0.002
阴离子表面活性剂/(mg/L)	0.3
总 α 放射性/(Bq/L)	0.5
总 β 放射性/(Bq/L)	1
氨氮(以 N 计)/(mg/L)	0.5
钠/(mg/L)	200

6.2.1.2　地下水质量评价方法

地下水质量评价按《地下水质量标准》(GB/T 14848—2017)进行,评价方法分为单指标评价和综合评判两种。单指标评价,按指标所在的限值范围确定地下水质量类别,指标限值相同时,从优不从劣。综合评价,按单指标评价结果最差的类别确定,并指出最差类别的指标。地下水质量评价指标及限值如表 6-3 所示。

表 6-3 地下水质量评价指标及限值

序号	指标	I 类	II 类	III 类	IV 类	V 类
感官性状及一般化学指标						
1	色度(铂钴色度单位)	≤5	≤5	≤15	≤25	>25
2	嗅和味	无	无	无	无	有
3	浑浊度/(NTU)	≤3	≤3	≤3	≤10	>10
4	肉眼可见物	无	无	无	无	有
5	pH	6.5≤pH≤8.5			5.5≤pH<6.5 或 8.5<pH≤9.0	pH<5.5 或 pH>9.0
6	总硬度(以 $CaCO_3$ 计)/(mg/L)	≤150	≤300	≤450	≤650	>650
7	溶解性总固体/(mg/L)	≤300	≤500	≤1 000	≤2 000	>2 000
8	硫酸盐/(mg/L)	≤50	≤150	≤250	≤350	>350
9	氯化物/(mg/L)	≤50	≤150	≤250	≤350	>350
10	铁/(mg/L)	≤0.1	≤0.2	≤0.3	≤2.0	>2.0
11	锰/(mg/L)	≤0.05	≤0.05	≤0.10	≤1.50	>1.50
12	铜/(mg/L)	≤0.01	≤0.05	≤1.00	≤1.50	>1.50
13	锌/(mg/L)	≤0.05	≤0.5	≤1.00	≤5.00	>5.00
14	铝/(mg/L)	≤0.01	≤0.05	≤0.20	≤0.50	>0.50
15	挥发性酚类(以苯酚计)/(mg/L)	≤0.001	≤0.001	≤0.002	≤0.01	>0.01
16	阴离子表面活性剂/(mg/L)	不得检出	≤0.1	≤0.3	≤0.3	>0.3
17	耗氧量(COD_{Mn} 法, 以 O_2 计)/(mg/L)	≤1.0	≤2.0	≤3.0	≤10.0	>10.0
18	氨氮(以 N 计)/(mg/L)	≤0.02	≤0.10	≤0.50	≤1.50	>1.50
19	硫化物/(mg/L)	≤0.005	≤0.01	≤0.02	≤0.10	>0.10
20	钠/(mg/L)	≤100	≤150	≤200	≤400	>400
微生物指标						
21	总大肠菌群/(MPN/100 mL 或 CFU/100 mL)	≤3.0	≤3.0	≤3.0	≤100	>100
22	菌落总数/(CFU/mL)	≤100	≤100	≤100	≤1 000	>1 000
毒理学指标						
23	亚硝酸盐(以 N 计)/(mg/L)	≤0.01	≤0.10	≤1.00	≤4.80	>4.8
24	硝酸盐(以 N 计)/(mg/L)	≤2.0	≤5.0	≤20.0	≤30.0	>30.0
25	氰化物/(mg/L)	≤0.001	≤0.01	≤0.05	≤0.1	>0.1
26	氟化物/(mg/L)	≤1.0	≤1.0	≤1.0	≤2.0	>2.0
27	碘化物/(mg/L)	≤0.04	≤0.04	≤0.08	≤0.50	>0.50

续表 6-3

序号	指标	Ⅰ类	Ⅱ类	Ⅲ类	Ⅳ类	Ⅴ类
28	汞/(mg/L)	≤0.0001	≤0.0001	≤0.001	≤0.002	>0.002
29	砷/(mg/L)	≤0.001	≤0.001	≤0.01	≤0.05	>0.05
30	硒/(mg/L)	≤0.01	≤0.01	≤0.01	≤0.1	>0.1
31	镉/(mg/L)	≤0.0001	≤0.001	≤0.005	≤0.01	>0.01
32	铬(六价)/(mg/L)	≤0.005	≤0.01	≤0.05	≤0.10	>0.10
33	铅/(mg/L)	≤0.005	≤0.005	≤0.01	≤0.10	>0.10
放射性指标						
34	总 α 放射性/(Bq/L)	≤0.1	≤0.1	≤0.5	>0.5	>0.5
35	总 β 放射性/(Bq/L)	≤0.1	≤1.0	≤1.0	>1.0	>1.0

6.2.2　生活饮用水评价

根据采集的 30 组中深层地下水水样主要因子检测结果(见表 6-4),按照《生活饮用水卫生标准》(GB 5749—2006)进行生活饮用水水质评价,参与评价的项目为砷、铬(六价)、硒、氟化物、色度、浑浊度、臭和味、肉眼可见物、pH、铁、氯化物、硫酸盐、溶解性总固体、总硬度、耗氧量、氨氮、钠共 17 项。评价结果如表 6-5 所示。中深层地下水超标指标分布如图 6-2 所示。

表 6-4　中深层地下水水样主要因子检测结果

检测项目	最大值	最小值	平均值	超标个数
砷	0.012 4	0.001 0	0.001 48	1
铬(六价)	0.004	0.004	0.004	—
硒	0.000 4	0.000 4	0.000 4	—
氟化物	1.29	0.37	0.61	1
色度	5	10	5.27	—
臭和味	无	无	无	—
pH	7.33	7.09	7.20	—
铁	1.56	0.025	0.111	2
氯化物	62.17	5.04	18.58	—
硫酸盐	68.05	1.79	18.70	—
溶解性总固体	482.68	201.07	315.79	—
总硬度	366.29	90.07	185.88	—
耗氧量	1.218	0.404	0.626	—
氨氮	0.317	0.02	0.03	—
钠	117.60	15.95	43.35	—
碘化物	0.05	0.05	0.05	—

表6-5 中深层地下水生活饮用水评价结果

水样编号	SY1		SY2		SY3		SY4		SY5		SY6		SY7		SY8		SY9		SY10	
井深/m	118		120		140		142		100		110		106		140		130		115	
检测项目	检测值	是否超标	检测值	是否超标	检测值	是否超标	检测值	是否超标	检测值	是否超标	检测值	是否超标	检测值	是否超标	检测值	是否超标	检测值	是否超标	检测值	是否超标
砷	<0.001	否	<0.001	否	<0.001	否	<0.001	否	<0.001	否	<0.001	否	0.012 4	是	<0.001	否	<0.001	否	<0.001	否
铬（六价）	<0.004	否	<0.004	否	<0.004	否	<0.004	否	<0.004	否	<0.004	否	<0.004	否	<0.004	否	<0.004	否	<0.004	否
硒	<0.000 4	否	<0.000 4	否	<0.000 4	否	<0.000 4	否	<0.000 4	否	<0.000 4	否	<0.000 4	否	<0.000 4	否	<0.000 4	否	<0.000 4	否
氟化物	0.41	否	0.37	否	0.48	否	0.52	否	0.41	否	0.37	否	0.48	否	0.48	否	0.52	否	0.61	否
色度	<5	否	<5	否	<5	否	<5	否	<5	否	<5	否	<5	否	<5	否	10	否	<5	否
浑浊度	<0.5	否	<0.5	否	<0.5	否	<0.5	否	<0.5	否	<0.5	否	<0.5	否	<0.5	否	<0.5		<0.5	否
臭和味	无	否	无	否	无	否	无	否	无	否	无	否	无	否	无	否	无	否	无	否
肉眼可见物	无	否	无	否	无	否	无	否	无	否	无	否	无	否	无	否	无	否	无	否
pH	7.09	否	7.11	否	7.12	否	7.1	否	7.13	否	7.15	否	7.17	否	7.16	否	7.14	否	7.16	否
铁	<0.025	否	<0.025	否	<0.025	否	<0.025	否	<0.025	否	<0.025	否	1.56	是	<0.025	否	0.15	否	<0.025	否
氯化物	15.72	否	20.96	否	10.48	否	6.99	否	12.22	否	36.67	否	10.48	否	12.22	否	15.72	否	59.37	否
硫酸盐	7.66	否	7.37	否	3.23	否	3.90	否	3.42	否	7.95	否	5.54	否	3.90	否	5.93	否	32.66	否
溶解性总固体	248.18	否	244.65	否	206.37	否	226.57	否	296.10	否	341.56	否	244.21	否	238.70	否	290.36	否	461.37	否
总硬度	196.16	否	162.13	否	132.11	否	148.12	否	202.16	否	246.20	否	168.13	否	92.07	否	172.14	否	256.20	否
耗氧量	0.89	否	0.65	否	0.49	否	0.57	否	0.57	否	0.57	否	0.89	否	0.57	否	0.57	否	1.22	否
氨氮	<0.02	否	<0.02	否	<0.02	否	<0.02	否	<0.02	否	<0.02	否	0.32	否	<0.02	否	<0.02	否	<0.02	否
钠	15.95	否	20.00	否	19.25	否	22.24	否	24.18	否	24.92	否	23.67	否	49.86	否	36.18	否	64.42	否
超标项目													砷、铁							

续表 6-5

水样编号	SY11		SY12		SY13		SY14		SY15		SY16		SY17		SY18		SY19		SY20	
井深/m	150		92		140		150		160		160		205		120		250		160	
检测项目	检测值	是否超标	检测值	是否超标	检测值	是否超标	检测值	是否超标	检测值	是否超标	检测值	是否超标	检测值	是否超标	检测值	是否超标	检测值	是否超标	检测值	是否超标
砷	<0.001	否	<0.001	否	<0.001	否	<0.001	否	0.001 7	否	<0.001	否	<0.001	否	<0.001	否	0.001 4	否	<0.001	否
铬（六价）	<0.004	否	<0.004	否	<0.004	否	<0.004	否	<0.004	否	<0.004	否	<0.004	否	<0.004	否	<0.004	否	<0.004	否
硒	<0.000 4	否	<0.000 4	否	<0.000 4	否	<0.000 4	否	<0.000 4	否	<0.000 4	否	<0.000 4	否	<0.000 4	否	<0.000 4	否	<0.000 4	否
氟化物	0.66	否	0.54	否	0.54	否	0.47	否	0.64	否	0.64	否	0.59	否	0.54	否	0.81	否	0.54	否
色度	<5	否	<5	否	<5	否	5	否	8	否	<5	否	<5	否	<5	否	<5	否	<5	否
浑浊度	<0.5	否	<0.5	否	<0.5	否	2	否			<0.5	否	<0.5	否	<0.5	否	<0.5	否	<0.5	否
臭和味	无	否	无	否	无	否	无	否	无	否	无	否	无	否	无	否	无	否	无	否
肉眼可见物	无	否	无	否	无	否	无	否	无	否	无	否	无	否	无	否	无	否	无	否
pH	7.18	否	7.15	否	7.16	否	7.18	否	7.19	否	7.2	否	7.21	否	7.22	否	7.2	否	7.17	否
铁	0.031	否	<0.025	否	0.1	否	0.17	否	0.32	是	0.16	否	0.075	否	<0.025	否	0.056	否	0.03	否
氯化物	10.48	否	21.84	否	6.72	否	28.57	否	10.08	否	13.44	否	15.12	否	18.48	否	8.40	否	8.40	否
硫酸盐	4.00	否	1.79	否	1.79	否	21.07	否	5.14	否	36.34	否	57.08	否	55.75	否	7.92	否	3.91	否
溶解性总固体	320.39	否	317.85	否	306.84	否	242.98	否	270.17	否	360.21	否	376.26	否	482.68	否	257.99	否	201.07	否
总硬度	190.15	否	192.15	否	216.17	否	154.12	否	160.13	否	166.13	否	160.13	否	366.29	否	124.10	否	120.10	否
耗氧量	0.57	否	0.48	否	0.65	否	0.81	否	0.73	否	0.48	否	0.40	否	0.57	否	0.48	否	0.57	否
氨氮	<0.02	否	<0.02	否	<0.02	否	<0.02	否	<0.02	否	<0.02	否	<0.02	否	<0.02	否	<0.02	否	<0.02	否
钠	42.17	否	42.52	否	31.98	否	28.55	否	37.12	否	71.83	否	74.71	否	38.90	否	47.06	否	28.05	否
超标项目									铁											

续表 6-5

水样编号	SY21		SY22		SY23		SY24		SY25		SY26		SY27		SY28		SY29		SY30	
井深/m	300		120		120		330		120		100		130		100		80		80	
检测项目	检测值	是否超标	检测值	是否超标	检测值	是否超标	检测值	是否超标	检测值	是否超标	检测值	是否超标	检测值	是否超标	检测值	是否超标	检测值	是否超标	检测值	是否超标
砷	<0.001	否	0.001 5	否	0.001 4	否	0.001 3	否	0.001 1	否	0.001 5	否	<0.001	否	<0.001	否	<0.001	否	<0.001	否
铬(六价)	<0.004	否	<0.004	否	<0.004	否	<0.004	否	<0.004	否	<0.004	否	<0.004	否	<0.004	否	<0.004	否	<0.004	否
硒	<0.000 4	否	<0.000 4	否	<0.000 4	否	<0.000 4	否	<0.000 4	否	<0.000 4	否	<0.000 4	否	<0.000 4	否	<0.000 4	否	<0.000 4	否
氟化物	0.81	否	1.29	是	0.87	否	0.81	否	0.69	否	0.69	否	0.64	否	0.64	否	0.75	否	0.50	否
色度	<5	否	<5	否	<5	否	<5	否	<5	否	<5	否	<5	否	<5	否	<5	否	<5	否
浑浊度	<0.5	否	<0.5	否	<0.5	否	<0.5	否	<0.5	否	<0.5	否	<0.5	否	<0.5	否	<0.5	否	<0.5	否
臭和味	无	否	无	否	无	否	无	否	无	否	无	否	无	否	无	否	无	否	无	否
肉眼可见物	无	否	无	否	无	否	无	否	无	否	无	否	无	否	无	否	无	否	无	否
pH	7.18	否	7.23	否	7.25	否	7.26	否	7.28	否	7.29	否	7.3	否	7.31	否	7.32	否	7.33	否
铁	0.025	否	<0.025	否	<0.025	否	<0.025	否	<0.025	否	0.086	否	<0.025	否	0.066	否	<0.025	否	0.089	否
氯化物	10.08	否	53.77	否	10.08	否	6.72	否	8.40	否	20.16	否	5.04	否	10.08	否	28.57	否	62.17	否
硫酸盐	68.05	否	41.85	否	61.90	否	3.13	否	2.80	否	61.35	否	3.47	否	9.15	否	9.59	否	22.74	否
溶解性总固体	407.54	否	404.64	否	390.86	否	312.98	否	317.37	否	371.50	否	276.92	否	335.70	否	334.17	否	387.48	否
总硬度	210.17	否	90.07	否	160.13	否	188.15	否	188.15	否	222.18	否	184.15	否	208.17	否	220.18	否	280.22	否
耗氧量	0.48	否	0.81	否	0.65	否	0.48	否	0.48	否	0.65	否	0.48	否	0.48	否	0.48	否	1.05	否
氨氮	<0.02	否	<0.02	否	<0.02	否	<0.02	否	<0.02	否	<0.02	否	<0.02	否	<0.02	否	<0.02	否	<0.02	否
钠	66.51	否	117.60	否	82.24	否	45.96	否	44.57	否	46.97	否	34.15	否	49.28	否	39.87	否	29.70	否
超标项目			氟化物																	

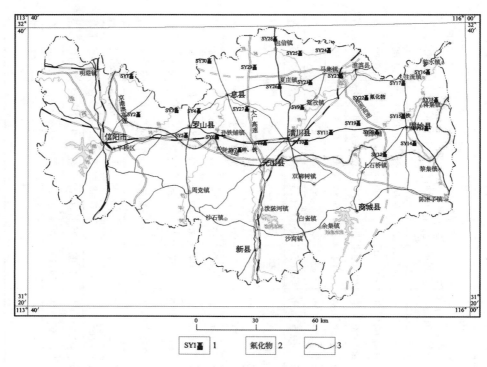

1—水样点及编号;2—超标因子;3—中深层界线。

图 6-2　中深层地下水超标指标分布

6.2.2.1　可直接饮用水区

可直接饮用水区分布于中深层地下水水质评价区的绝大部分区域,面积约 7 378.16 km²,占评价区总面积的 99.23%。该区无超标因子,属Ⅰ、Ⅱ、Ⅲ类水,可直接饮用。

6.2.2.2　适当处理后可饮用水区

适当处理后可饮用水区呈点状分布于光山县寨河镇、固始县洪埠乡和淮滨县期思镇,面积约 56.95 km²,占评价区总面积的 0.77%。含量超标的主要因子为砷、铁和氟化物。一般有 1~2 项因子含量超标,超标倍数 0.07~4.2 倍,超标倍数不多,经适当处理后可以饮用。

6.2.3　地下水质量评价

根据采集的 30 组中深层地下水水样检测结果,按照《地下水质量标准》(GB/T 14848—2017)进行地下水质量评价,参与评价的项目为色度、臭和味、浑浊度、肉眼可见物、pH、总硬度、溶解性总固体、硫酸盐、氯化物、铁、耗氧量、氨氮、钠、氟化物、碘化物、砷、硒、铬(六价)共 18 项,评价结果见表 6-6。中深层地下水质量分区见图 6-3。

6.2.3.1　Ⅰ类水区

Ⅰ类水区呈点状分布于罗山县东铺镇、潢川县付店镇、固始县胡族铺镇一带,面积约 198.85 km²,占评价区总面积的 1.82%,水质优良,无超标因子。

表6-6　中深层地下水质量评价结果

水样编号	SY1		SY2		SY3		SY4		SY5		SY6		SY7		SY8		SY9		SY10	
井深/m	118		120		140		142		100		110		106		140		130		115	
评价指标	检测值	类别	检测值	类别	检测值	类别	检测值	类别	检测值	类别	检测值	类别	检测值	类别	检测值	类别	检测值	类别	检测值	类别
色度	<5	I	<5	I	<5	I	<5	I	<5	I	<5	I	<5	I	<5	I	10	III	<5	I
臭和味	无	I	无	I	无	I	无	I	无	I	无	I	无	I	无	I	无	I	无	I
浑浊度	<0.5	I	<0.5	I	<0.5	I	<0.5	I	<0.5	I	<0.5	I	<0.5	I	<0.5	I	6	IV	<0.5	I
肉眼可见物	无	I	无	I	无	I	无	I	无	I	无	I	无	I	无	I	少量沉淀	V	无	I
pH	7.09	I	7.11	I	7.12	I	7.1	I	7.13	I	7.15	I	7.17	I	7.16	I	7.14	I	7.16	I
总硬度	196.16	II	162.13	II	132.11	I	148.12	I	202.16	II	246.20	II	168.13	II	92.07	I	172.14	II	256.20	II
溶解性总固体	248.18	I	244.65	I	206.37	I	226.57	I	296.10	I	341.56	II	244.21	I	238.70	I	290.36	I	461.37	II
硫酸盐	7.66	I	7.37	I	3.23	I	3.90	I	3.42	I	7.95	I	5.54	I	3.90	I	5.93	I	32.66	I
氯化物	15.72	I	20.96	I	10.48	I	6.99	I	12.22	I	36.67	I	10.48	I	12.22	I	15.72	I	59.37	II
铁	<0.025	I	<0.025	I	<0.025	I	<0.025	I	<0.025	I	<0.025	I	1.56	IV	<0.025	I	0.15	II	<0.025	I
耗氧量	0.89	I	0.65	I	0.49	I	0.57	I	0.57	I	0.57	I	0.89	I	0.57	I	0.57	I	1.22	II
氨氮	<0.02	I	<0.02	I	<0.02	I	<0.02	I	<0.02	I	<0.02	I	0.32	III	<0.02	I	<0.02	I	<0.02	I
钠	15.95	I	20.00	I	19.25	I	22.24	I	24.18	I	24.92	I	23.67	I	49.86	I	36.18	I	64.42	I
氟化物	0.41	I	0.37	I	0.48	I	0.52	I	0.41	I	0.37	I	0.48	I	0.48	I	0.52	I	0.61	I
碘化物	<0.05	I	<0.05	I	<0.05	I	<0.05	I	<0.05	I	<0.05	I	<0.05	I	<0.05	I	<0.05	I	<0.05	I
砷	<0.001	I	<0.001	I	<0.001	I	<0.001	I	<0.001	I	<0.001	I	0.012 4	IV	<0.001	I	<0.001	I	<0.001	I
硒	<0.000 4	I	<0.000 4	I	<0.000 4	I	<0.000 4	I	<0.000 4	I	<0.000 4	I	<0.000 4	I	<0.000 4	I	<0.000 4	I	<0.000 4	I
铬（六价）	<0.004	I	<0.004	I	<0.004	I	<0.004	I	<0.004	I	<0.004	I	<0.004	I	<0.004	I	<0.004	I	<0.004	I
水质类别	II		II		I		I		II		II		IV		I		II		II	
超标因子													铁、砷							

续表 6-6

水样编号	SY11		SY12		SY13		SY14		SY15		SY16		SY17		SY18		SY19		SY20	
井深/m	150		92		140		150		160		160		205		120		250		160	
评价指标	检测值	类别	检测值	类别	检测值	类别	检测值	类别	检测值	类别	检测值	类别	检测值	类别	检测值	类别	检测值	类别	检测值	类别
色度	<5	I	<5	I	<5	I	5	I	8	III	<5	I	<5	I	<5	I	<5	I	<5	I
臭和味	无	I	无	I	无	I	无	I	无	I	无	I	无	I	无	I	无	I	无	I
浑浊度	<0.5	I	<0.5	I	<0.5	I	2	I	4	IV	<0.5	I	<0.5	I	<0.5	I	<0.5	I	<0.5	I
肉眼可见物	无	I	无	I	无	I	少量沉淀	V	少量沉淀	V	无	I	无	I	无	I	无	I	无	I
pH	7.18	I	7.15	I	7.16	I	7.18	I	7.19	I	7.2	I	7.21	I	7.22	I	7.2	I	7.17	I
总硬度	190.15	II	192.15	II	216.17	II	154.12	II	160.13	II	166.13	II	160.13	II	366.29	III	124.10	I	120.10	I
溶解性总固体	320.39	II	317.85	II	306.84	II	242.98	I	270.17	I	360.21	II	376.26	II	482.68	II	257.99	I	201.07	I
硫酸盐	4.00	I	1.79	I	1.79	I	21.07	I	5.14	I	36.34	I	57.08	II	55.75	II	7.92	I	3.91	I
氯化物	10.48	I	21.84	I	6.72	I	28.57	I	10.08	I	13.44	I	15.12	I	18.48	I	8.40	I	8.40	I
铁	0.031	I	<0.025	I	0.1	I	0.17	II	0.32	IV	0.16	II	0.075	I	<0.025	I	0.056	I	0.03	I
耗氧量	0.57	I	0.48	I	0.65	I	0.81	I	0.73	I	0.48	I	0.40	I	0.57	I	0.48	I	0.57	I
氨氮	<0.02	I	<0.02	I	<0.02	I	<0.02	I	<0.02	I	<0.02	I	<0.02	I	<0.02	I	<0.02	I	<0.02	I
钠	42.17	I	42.52	I	31.98	I	28.55	I	37.12	I	71.83	I	74.71	I	38.90	I	47.06	I	28.05	I
氟化物	0.66	I	0.54	I	0.54	I	0.47	I	0.64	I	0.64	I	0.59	I	0.54	I	0.81	I	0.54	I
碘化物	<0.05	I	<0.05	I	<0.05	I	<0.05	I	<0.05	I	0.05	I	<0.05	I	<0.05	I	<0.05	I	<0.05	I
砷	<0.001	I	<0.001	I	<0.001	I	<0.001	I	0.0017	I	<0.001	I	<0.001	I	<0.001	I	0.0014	III	<0.001	I
硒	<0.0004	I	<0.0004	I	<0.0004	I	<0.0004	I	<0.0004	I	<0.0004	I	<0.0004	I	<0.0004	I	<0.0004	I	<0.0004	I
铬（六价）	<0.004	I	<0.004	I	<0.004	I	<0.004	I	<0.004	I	<0.004	I	<0.004	I	<0.004	I	<0.004	I	<0.004	I
水质类别	II		II		II		IV		IV		II		II		III		III		I	
超标因子									铁											

续表 6-6

水样编号	SY21		SY22		SY23		SY24		SY25		SY26		SY27		SY28		SY29		SY30	
井深/m	300		120		120		330		120		100		130		100		80		80	
评价指标	检测值	类别	检测值	类别	检测值	类别	检测值	类别	检测值	类别	检测值	类别	检测值	类别	检测值	类别	检测值	类别	检测值	类别
色度	<5	I	<5	I	<5	I	<5	I	<5	I	<5	I	<5	I	<5	I	<5	I	<5	I
臭和味	无	I	无	I	无	I	无	I	无	I	无	I	无	I	无	I	无	I	无	I
浑浊度	<0.5	I	<0.5	I	<0.5	I	<0.5	I	<0.5	I	<0.5	I	<0.5	I	<0.5	I	<0.5	I	<0.5	I
肉眼可见物	无	I	无	I	无	I	无	I	无	I	无	I	无	I	无	I	无	I	无	I
pH	7.18	I	7.23	I	7.25	I	7.26	I	7.28	I	7.29	I	7.3	I	7.31	I	7.32	I	7.33	I
总硬度	210.17	II	90.07	I	160.13	II	188.15	II	188.15	II	222.18	II	184.15	II	208.17	II	220.18	II	280.22	II
溶解性总固体	407.54	II	404.64	II	390.86	II	312.98	II	317.37	II	371.50	II	276.92	I	335.70	II	334.17	II	387.48	II
硫酸盐	68.05	II	41.85	I	61.90	II	3.13	I	2.80	I	61.35	II	3.47	I	9.15	I	9.59	I	22.74	I
氯化物	10.08	I	53.77	II	10.08	I	6.72	I	8.40	I	20.16	I	5.04	I	10.08	I	28.57	I	62.17	II
铁	0.025	I	<0.025	I	<0.025	I	<0.025	I	<0.025	I	0.086	I	<0.025	I	0.066	I	<0.025	I	0.089	I
耗氧量	0.48	I	0.81	I	0.65	I	0.48	I	0.48	I	0.65	I	0.48	I	0.48	I	0.48	I	1.05	II
氨氮	<0.02	I	<0.02	I	<0.02	I	<0.02	I	<0.02	I	<0.02	I	<0.02	I	<0.02	I	<0.02	I	<0.02	I
钠	66.51	I	117.60	II	82.24	I	45.96	I	44.57	I	46.97	I	34.15	I	49.28	I	39.87	I	29.70	I
氟化物	0.81	I	1.29	IV	0.87	I	0.81	I	0.69	I	0.69	I	0.64	I	0.64	I	0.75	I	0.50	I
碘化物	<0.05	I	<0.05	I	<0.05	I	<0.05	I	<0.05	I	<0.05	I	<0.05	I	<0.05	I	<0.05	I	<0.05	I
砷	<0.001	I	0.0015	III	0.0014	III	0.0013	III	0.0011	III	0.0015	III	<0.001	I	<0.001	I	<0.001	I	<0.001	I
硒	<0.0004	I	<0.0004	I	<0.0004	I	0.004	I	<0.0004	I	<0.0004	I	<0.0004	I	<0.0004	I	<0.0004	I	<0.0004	I
铬（六价）	<0.004	I	<0.004	I	<0.004	I	<0.004	I	<0.004	I	<0.004	I	<0.004	I	<0.004	I	<0.004	I	<0.004	I
水质类别	II		IV		III		III		III		III		II		II		II		II	
超标因子			氟化物																	

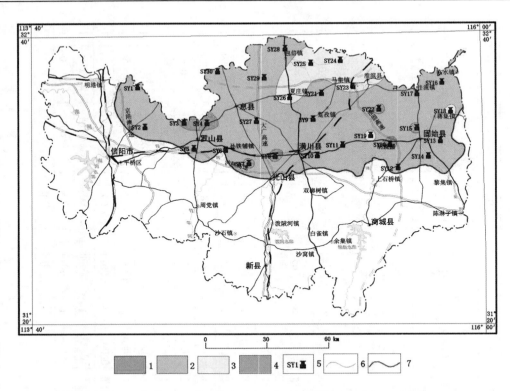

1—Ⅰ类水;2—Ⅱ类水;3—Ⅲ类水;4—Ⅳ类水;5—水样点及编号;6—地下水质量分区界线;7—中深层界线。

图 6-3　中深层地下水质量分区

6.2.3.2　Ⅱ类水区

Ⅱ类水区呈大面积分布,面积约 6 303.42 km²,占评价区总面积的 84.78%,水质良好,无超标因子。

6.2.3.3　Ⅲ类水区

Ⅲ类水区呈块状分布于息县夏庄镇—淮滨县赵集镇一带,点状分布于固始县陈集镇、胡族铺镇,面积约 875.89 km²,占评价区总面积的 11.78%,水质较好,无超标因子。

6.2.3.4　Ⅳ类水区

Ⅳ类水区呈点状分布于光山县寨河镇、固始县洪埠乡和淮滨县期思镇,面积约 56.95 km²,占评价区总面积的 0.77%。含量超标的主要因子为砷(最大值 0.012 4 mg/L)、铁(最大值 1.56 mg/L)和氟化物(最大值 1.29 mg/L),一般有 1~2 项因子含量超标,超标倍数 0.07~4.2 倍,超标倍数不多,经适当处理后可以饮用。

7　地下水开发利用现状及潜力

7.1　中深层地下水开发利用现状

7.1.1　城市集中供水开采

息县第一水厂:息县城市供水由息县第一水厂供给,全部开采中深层地下水。息县第一水厂2009年建成,10眼生产井,供水能力2.0万 m³/d。扩建工程2017年基本建成,供水井20眼,最大供水能力3.0万 m³/d。扩建后总供水能力合计为1 825万 m³/a。

7.1.2　农村安全饮用水开采

用于农村生活用水,根据调查,结合收集的相关资料,中深层地下水评价区内现有农村安全饮水工程约334处,供水井约800眼(其中:井深75~100 m的占13%,井深100~200 m的占82%,井深大于200~330 m的占5%),开采量为7 512.4万 m³/a。各县区及乡镇中深层地下水开采量见表7-1。

表 7-1　各县区及乡镇中深层地下水开采量统计

县区	乡镇	水厂数量/个	日开采量/(m³/d)	年开采量/(万 m³/a)
平桥区	胡店乡	4	500	18.25
	龙井乡	3	500	18.25
	肖店乡	2	400	14.6
	肖王乡	3	1 220	44.53
	五里镇	1	1 000	36.5
	小计	13	3 620	132.13
罗山县	高店乡	3	800	29.2
	尤店乡	2	500	18.25
	东铺镇	2	1 200	43.8
	宝城街道	6	1 200	43.8
	楠杆镇	3	1 050	38.325
	龙山街道	4	2 200	80.3
	庙仙乡	3	900	32.85
	竹杆镇	4	450	16.425
	小计	27	8 300	302.95

续表 7-1

县区	乡镇	水厂数量/个	日开采量/(m³/d)	年开采量/(万 m³/a)
光山县	孙铁铺镇	1	400	14.6
	寨河镇	3	800	29.2
	十里镇	1	100	3.65
	小计	5	1 300	47.45
潢川县	付店镇	4	3 360	122.64
	隆古乡	4	1 000	36.5
	魏岗乡	1	1 000	36.5
	来龙乡	3	600	21.9
	踅孜镇	2	600	21.9
	上油岗乡	2	400	14.6
	谈店镇	2	300	10.95
	伞陂镇	3	1 060	38.69
	黄寺岗镇	3	2 800	102.2
	桃林铺镇	2	800	29.2
	张集镇	2	300	10.95
	黄湖农场镇	2	500	18.25
	小计	30	12 720	464.28
固始县	马堽镇	2	600	21.9
	杨集乡	2	500	18.25
	汪棚镇	2	200	7.3
	草庙集乡	3	1 000	36.5
	大桥乡	5	5 000	182.5
	沙河铺镇	2	5 000	182.5
	分水亭镇	1	5 000	182.5
	泉河铺镇	1	3 000	109.5
	柳树店乡	1	2 600	94.9
	石佛店镇	2	600	21.9
	张广庙镇	4	8 000	292
	李店镇	3	1 400	51.1
	观堂乡	5	3 200	116.8

续表 7-1

县区	乡镇	水厂数量/个	日开采量/(m³/d)	年开采量/(万 m³/a)
固始县	洪埠乡	6	650	23.725
	三河尖镇	2	1 440	52.56
	丰港乡	5	3 750	136.875
	往流镇	3	1 400	51.1
	蒋集镇	4	1 600	58.4
	陈集镇	5	4 000	146
	徐集乡	4	2 200	80.3
	胡族铺镇	4	3 540	129.21
	产业集聚区	3	1 200	43.8
	小计	69	55 880	2 039.62
滨湖县	滨湖办事处	2	1 000	36.5
	桂花办事处	1	500	18.25
	顺河办事处	1	600	21.9
	王店乡	5	3 000	109.5
	张庄乡	5	2 000	73
	马集镇	2	1 100	40.15
	芦集乡	4	2 600	94.9
	邓弯乡	3	700	25.55
	期思镇	2	2 000	73
	谷堆乡	6	4 000	146
	王家岗乡	3	2 000	73
	台头乡	3	4 500	164.25
	栏杆街道	5	7 500	273.75
	固城乡	4	15 000	547.5
	赵集镇	1	1 000	36.5
	张里乡	4	4 800	175.2
	三空桥乡	5	1 500	54.75
	防胡镇	3	1 200	43.8
	新里镇	3	1 000	36.5
	小计	62	56 000	2 044.00

续表 7-1

县区	乡镇	水厂数量/个	日开采量/(m³/d)	年开采量/(万 m³/a)
息县	城区自来水厂	1	50 000	1 825
	长陵乡	4	1 000	36.5
	夏庄镇	5	1 100	40.15
	项店镇	5	800	29.2
	关店镇	9	500	18.25
	临河乡	8	1 600	58.4
	陈棚乡	4	1 000	36.5
	小茴店镇	10	10 000	365
	岗李店乡	7	7 000	255.5
	包信镇	5	1 000	36.5
	东岳镇	7	14 000	511
	张陶乡	7	7 000	255.5
	路口乡	17	6 800	248.2
	彭店乡	7	1 400	51.1
	白土店乡	5	5 000	182.5
	杨店乡	6	6 000	219
	曹黄林镇	8	1 800	65.7
	八里岔乡	8	1 200	43.8
	孙庙乡	4	800	29.2
	小计	128	118 000	4 307
合计		334	255 820	9 337.43

7.2　中深层地下水开发利用潜力分析

7.2.1　分析方法

中深层地下水开发利用潜力可利用地下水开采系数作为判定标准,计算公式如下:

$$k = \frac{Q_{现开}}{Q_{可开}} \tag{7-1}$$

式中　k——地下水开采系数;

　　　$Q_{现开}$——地下水现状开采量,万 m³/a;

$Q_{可开}$——地下水可开采量,万 m^3/a。

地下水开采潜力的大小依据下列值判定:

$k>1.0$ 潜力不足,已超采;

$0.75≤k≤1.0$ 采补基本平衡;

$k<0.75$ 有开采潜力,可扩大开采。

7.2.2 开发潜力评价

根据中深层地下水的现状开采量和可开采量计算结果,计算出各区中深层地下水开采系数,并对其开发利用潜力进行评价,见表 7-2、图 7-1。

表 7-2 中深层地下水开发利用潜力评价

区号	面积/km²	$Q_{现开}$/(万 m³/a)	$Q_{可开}$/(万 m³/a)	资源潜力/(万 m³/a)	开采系数 k	评价结果
I₁	300.51	684.55	889.34	204.79	0.77	采补基本平衡
I₂	279.40	82.58	343.99	261.40	0.24	有开采潜力
I₃	895.21	1 941.32	1 543.39	−397.93	1.26	潜力不足
I₄	1 428.16	2 372.53	4 518.08	2 145.55	0.53	有开采潜力
I₅	289.57	344.33	260.62	−83.71	1.32	潜力不足
II₁	39.73	90.5	190.59	100.09	0.47	有开采潜力
II₂	928.85	817.73	764.97	−52.76	1.07	潜力不足
II₃	534.84	820.77	490.52	−330.25	1.67	潜力不足
II₄	764.71	926.96	520.47	−406.49	1.78	潜力不足
II₅	604.86	208.08	688.69	480.61	0.30	有开采潜力
II₆	1 044.18	668.57	1 523.26	854.69	0.44	有开采潜力
II₇	324.91	379.53	288.46	−91.07	1.32	潜力不足
合计	7 434.93	9 337.43	12 022.38	2 684.92	0.78	采补基本平衡

由表 7-2 可以看出,在多年平均条件下,工作区中深层地下水开采系数为 0.78,处于采补基本平衡状态。

(1)有开采潜力区。主要分布在平桥区北部(I₂)、淮滨县—固始县北部一带(I₄)、息县西北部(II₁)、平桥区—罗山县—光山县一带(II₅)、光山县—潢川县—胡族铺镇一带(II₆),面积 3 396.33 km²。该区域以利用地表水为主,地下水开采量相对较小,可采资源量较大,总体上开采潜力较大。

(2)采补基本平衡区。仅分布在息县的路口乡—岗李店乡一带(I₁),面积 300.51 km²。该区域内人口密度大,生活用水需求量较大,可开采资源量较大。现状条件下中深层地下水资源处于采补平衡状态,可采资源量尚能满足用水需求。

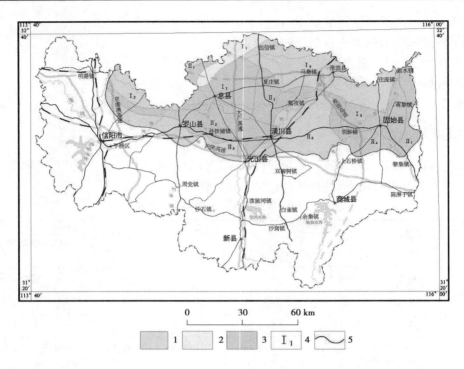

1—有开采潜力区;2—采补基本平衡区;3—潜力不足区;4—分区代号;5—中深层界线。

图 7-1　中深层地下水开发利用潜力评价

（3）潜力不足区。主要分布在息县县城及其周边（I_3）、固始县城西—胡族铺镇一带（I_5）、平桥区—罗山县—潢川县一带（II_2）、息县夏庄镇—潢川县魏岗乡一带（II_3）、固始县草庙集乡—蒋集镇一带（II_4）、固始县的东部（II_7），面积 3 738.09 km²。由于该区域多分布在县城或乡镇，人口密度大，居民生活集中开采量较大，可开采资源量普遍较小。现状条件下，已处于超采状态。

8 结论与建议

8.1 结 论

8.1.1 地质地貌条件

信阳市地处豫南山地和淮河平原的过渡地带,南依蜿蜒起伏的大别山山脉,北接宽阔平坦的淮河平原,主要有侵蚀剥蚀中山、侵蚀剥蚀低山、侵蚀剥蚀丘陵、冲洪积倾斜平原、冲积平缓平原和谷地、冲湖积低平缓平原等六种地貌类型。

信阳南部属扬子地层区,北部属华北地层区北秦岭分区和豫西—豫东南分区。由于自古近系以来构造运动以差异升降为主,因而北部沉积了较厚的古近系、新近系和第四系地层。出露的地层主要有元古界(下元古界大别群和秦岭岩群、中元古界龟山岩组、上元古界震旦系等)的片岩、片麻岩、大理岩等,古生界(寒武系、南湾组等)的大理岩、白云质大理岩、片岩和砂岩等,中生界(侏罗系、白垩系)的砂岩、安山玢岩、火山碎屑岩和角砾凝灰岩等,新生界(始新统、第四系)的砂岩、砂砾岩、砂砾石、中粗砂、细中砂和粉质黏土等,以及中条期、扬子期、加里东期、华力西期和燕山期形成的各类岩浆岩。

8.1.2 水文地质条件

信阳市淮河河谷及冲积平原、山前冲洪积倾斜平原分布有大面积的松散岩类孔隙水。其中,浅层孔隙水划分为强富水区(单井出水量 $1\,000 \sim 3\,000\ m^3/d$)、中等富水区(单井出水量 $500 \sim 1\,000\ m^3/d$)、弱富水区(单井出水量 $100 \sim 500\ m^3/d$)和贫水区(单井出水量小于 $100\ m^3/d$);中深层孔隙水划分为极强富水区(单井出水量大于 $3\,000\ m^3/d$)、强富水区(单井出水量 $1\,000 \sim 3\,000\ m^3/d$)、中等富水区(单井出水量 $500 \sim 1\,000\ m^3/d$)和弱富水区(单井出水量小于 $500\ m^3/d$)。西部及南部多为水量弱-贫乏的基岩裂隙水;南部的残山丘陵区,零星分布少量碎屑岩类孔隙裂隙水,富水性弱-贫乏。

浅层地下水的补给主要以大气降水入渗补给为主,其次为灌溉回渗补给和地下水侧向径流补给;淮河以北浅层地下水总的径流方向从西北向东南运移,在淮河以南的山前冲洪积倾斜平原,浅层地下水由西南向东北径流;排泄主要为农村人畜生活用水开采、蒸发排泄和地下径流排泄;动态类型主要为气象—开采型、气象—径流—开采型、气象—水文型。中深层地下水在平原区不能直接得到大气降水的入渗补给,其补给来源主要为上游地下水的径流补给,在山前地带可以间接得到大气降水的入渗补给;淮河以北自西北向东南、由北向南径流,淮河以南非开采区自西南向东北径流,在开采区自周边向开采中心径流;排泄方式主要为人工开采和侧向径流;动态类型主要为气象—径流型、开采型。

8.1.3　环境地质问题

8.1.3.1　**地下水资源短缺**

中深层地下水资源短缺区域,位于中深层地下水分布区的南部,平桥区的洋河镇—罗山县城—光山县的十里镇—潢川县的桃林镇、固始县的陈集镇—石佛店镇一带,属弱富水区。中深层地下水不能直接得到大气降水的入渗补给,其补给来源主要为上游地下水的径流补给,但补给途径长,补给缓慢。浅层地下水难以越流补给中深层地下水,一旦开采水位持续明显下降,难以满足人们的长期生活需求。

8.1.3.2　**地下水位下降及降落漏斗**

1988—2020 年,信阳市中深层地下水位呈持续下降态势,年均下降速率约 0.5 m。已形成潢川县黄寺岗镇、固始县杨集乡两处降落漏斗,面积分别为 39.67 km^2、28.66 km^2,漏斗中心地下水位埋深分别为 72.13 m、82.63 m(统测时均为动水位),据推算,在不开采条件下水位将有所恢复,漏斗面积也将有所减小。随着开采量的不断增加,地下水位将持续下降,若不采取合理的措施,降落漏斗也将进一步扩大。

8.1.4　中深层地下水资源量

中深层地下水可开采资源量为 12 022.38 万 m^3/a。其中:侧向径流补给量 4 181.93 万 m^3/a,水位下降 1 m 时的弹性释水量 7 840.44 万 m^3/a;总储存量为 42 693.48 万 m^3,是可开采资源量的近 4 倍,具有一定的调蓄能力。

8.1.5　地下水水化学类型

中深层地下水水化学类型为 HCO$_3$ 型,根据阳离子含量可细分为 9 种类型,即 HCO$_3$–Ca 型、HCO$_3$–Ca·Mg 型、HCO$_3$–Ca·Mg·Na 型、HCO$_3$–Ca·Na 型、HCO$_3$–Ca·Na·Mg 型、HCO$_3$–Na 型、HCO$_3$–Na·Ca 型、HCO$_3$–Na·Ca·Mg 型和 HCO$_3$–Na·Mg·Ca 型。

8.1.6　地下水水质评价

8.1.6.1　**生活饮用水评价**

(1)可直接饮用水区,分布于工作区的绝大部分区域,该区无超标因子,属 Ⅰ、Ⅱ、Ⅲ 类水,可直接饮用。

(2)适当处理后可饮用水区,呈点状分布于光山县寨河镇、固始县洪埠乡和淮滨县期思镇,含量超标的主要因子为砷、铁和氟化物。一般有 1~2 项因子含量超标,超标倍数 0.07~4.2 倍,超标倍数不多,经适当处理后可以饮用。

8.1.6.2　**地下水质量评价**

(1)Ⅰ 类水区:呈点状分布于罗山县东铺镇、潢川县付店镇、固始县胡族铺镇一带,水质优良,无超标因子。

(2)Ⅱ 类水区:在工作区内大面积分布,水质良好,无超标因子。

(3)Ⅲ 类水区:呈块状分布于息县夏庄镇—淮滨县赵集镇一带,点状分布于固始县陈集镇、胡族铺镇,水质较好,无超标因子。

(4)Ⅳ类水区:呈点状分布于光山县寨河镇、固始县洪埠乡和淮滨县期思镇,含量超标的主要因子为砷(最大值 0.012 4 mg/L)、铁(最大值 1.56 mg/L)和氟化物(最大值 1.29 mg/L),一般有 1~2 项因子含量超标,超标倍数 0.07~4.2 倍,超标倍数不多,经适当处理后可以饮用。

8.1.7   地下水开发利用现状及潜力

中深层地下水主要用于农村生活、城市生活等,年开采总量为 9 337.43 万 m³/a。其中,农村安全饮水工程开采量为 7 512.43 万 m³/a,城市集中供水开采量为 1 825 万 m³/a。

信阳市中深层地下水开采系数为 0.78,处于采补基本平衡状态。

(1)有开采潜力区。分布在平桥区北部(I_2)、淮滨县—固始县北部一带(I_4)、息县西北部(II_1)、平桥区—罗山县—光山县一带(II_5)、光山县—潢川县—胡族铺镇一带(II_6)。该区域以利用地表水为主,地下水开采量相对较小,可采资源量较大,总体上开采潜力较大。

(2)采补基本平衡区。仅分布在息县的路口乡—岗李店乡一带(I_1),该区域内人口密度大,生活用水需求量较大,可开采资源量较大。现状条件下处于采补平衡状态,可采资源量尚能满足用水需求。

(3)潜力不足区。分布在息县县城及其周边(I_3)、固始县城西—胡族铺镇一带(I_5)、平桥区—罗山县—潢川县一带(II_2)、息县夏庄镇—潢川县魏岗乡一带(II_3)、固始县草庙集乡—蒋集镇一带(II_4)、固始县的东部(II_7)。该区域多分布在县城或乡镇,人口密度大,居民生活集中开采量较大,可开采资源量普遍较小,现状条件下已处于超采状态。

8.2   建   议

(1)开展信阳市中深层地下水应急水源地勘察工作。

为缓解干旱及突发地表水源遭受污染事件造成的信阳地区供水紧张局面,建议在全市范围内选择水文地质条件优越地段开展若干中深层地下水应急水源地的勘察和建设工作。建设城市中深层地下水应急备用水源工程,具有三大优势:①供水水质方面,地下水较地表水和浅层地下水水质好,基本上不需要处理,可直接并网供水;②供水保证率方面,在城市遭遇连年干旱的极端气候条件,地表水骤减或出现水质问题时,可启用应急备用水源作为补充,确保城市供水有序进行;③水源涉及城市安全,将供水水源储备在地下,取自地下以应对战争、恐怖事件或人为破坏,确保城市安全供水。

(2)加快信阳市市级地下水监测站网建设。

在国家和河南省地下水监测工程的基础上,建设以监测中深层地下水和基岩山区地下水为重点,以完善浅层地下水监测网络为补充的信阳市市级地下水监测工程,实现对全市地下水监测工作的全覆盖。通过监测网络,及时分析并掌握地下水位、水量、水质等动态变化信息,为地下水资源管理决策提供技术数据支撑。

(3)建议开展信阳市中深层地下水开发利用保护规划工作。

附 录

附 表

附表 1　信阳市中深层地下水水位统测汇总

统测点编号	经度	纬度	井深/m	地面高程/m	7月水位埋深/m	7月水位标高/m	7月水位状态	9月水位埋深/m	9月水位标高/m	9月水位状态
TZ1	114°10′49.34″	32°20′44.16″	106	86	43.30	42.70	静水位	43.25	42.75	静水位
TZ2	114°14′10.12″	32°20′35.95″	100	81	34.89	46.11	动水位	30.20	50.80	动水位
TZ3	114°13′43.06″	32°26′18.51″	118	60	9.38	50.62	动水位	7.05	52.95	动水位
TZ4	114°19′13.10″	32°18′19.22″	120	56	21.24	34.76	动水位	21.16	34.84	动水位
TZ5	114°16′02.64″	32°14′38.02″	120	86	32.94	53.06	静水位	22.81	63.19	静水位
TZ6	114°22′49.41″	32°13′52.40″	140	67	17.11	49.89	静水位	27.09	39.91	动水位
TZ7	114°28′11.45″	32°16′04.64″	140	52	18.70	33.30	静水位	26.36	25.64	动水位
TZ8	114°35′14.07″	32°16′06.63″	142	58	28.44	29.56	静水位	33.48	24.52	静水位
TZ9	114°31′37.05″	32°13′45.11″	120	67	27.51	39.49	静水位	33.09	33.91	静水位
TZ10	114°24′32.56″	32°09′47.22″	100	81	20.00	61.00	静水位	42.85	38.15	动水位
TZ11	114°31′23.01″	32°09′08.71″	100	81	53.94	27.06	动水位	54.60	26.40	动水位
TZ12	114°35′44.43″	32°07′36.31″	140	65	52.75	12.25	静水位	50.35	14.65	静水位

续附表 1

统测点编号	经度	纬度	井深/m	地面高程/m	7月水位埋深/m	7月水位标高/m	7月水位状态	9月水位埋深/m	9月水位标高/m	9月水位状态
TZ13	114°38′45.38″	32°10′18.87″	136	47	12.14	34.86	静水位	12.85	34.15	静水位
TZ14	114°41′12.47″	32°08′55.27″	110	47	12.35	34.65	静水位	10.76	36.24	静水位
TZ15	114°48′31.36″	32°05′26.41″	106	42	8.72	33.28	静水位	8.59	33.41	静水位
TZ16	114°53′34.18″	32°03′26.23″	80	72	45.72	26.28	动水位	48.46	23.54	动水位
TZ17	114°56′32.39″	32°07′32.57″	140	63	64.75	-1.75	动水位	56.62	6.38	动水位
TZ18	114°59′51.28″	32°10′52.02″	150	52	46.59	5.41	动水位	43.52	8.48	动水位
TZ19	115°05′13.07″	32°12′56.18″	100	36	7.72	28.28	静水位	19.91	16.09	静水位
TZ20	115°08′12.05″	32°17′41.09″	130	37	8.93	28.07	静水位	7.46	29.54	静水位
TZ21	115°11′32.32″	32°19′54.98″	180	33	57.61	-24.61	动水位	16.37	16.63	动水位
TZ22	115°14′56.63″	32°18′45.37″	153	51	35.84	15.16	静水位	31.00	20.00	静水位
TZ23	115°08′20.27″	32°10′48.09″	136	57	43.60	13.40	动水位	33.37	23.63	动水位
TZ24	115°09′39.01″	32°07′54.33″	115	63	15.16	47.84	静水位	32.00	31.00	动水位
TZ25	115°14′22.72″	32°08′28.05″	120	60	71.10	-11.10	动水位	72.13	-12.13	动水位
TZ26	115°17′32.39″	32°09′29.45″	120	50	25.60	24.40	静水位	21.22	28.78	静水位
TZ27	115°17′51.61″	32°04′02.08″	96	47	5.12	41.88	静水位	4.85	42.15	静水位
TZ28	115°20′27.48″	32°13′24.72″	120	42	9.59	32.41	静水位	8.67	33.33	静水位
TZ29	115°28′10.71″	32°10′57.11″	160	57	50.60	6.40	静水位	49.20	7.80	静水位
TZ30	115°26′10.59″	32°06′44.56″	180	45	49.56	-4.56	静水位	48.72	-3.72	静水位
TZ31	115°33′21.73″	32°15′54.64″	200	60	81.74	-21.74	静水位	82.63	-22.63	动水位

续附表 1

统测点编号	经度	纬度	井深/m	地面高程/m	7月水位埋深/m	7月水位标高/m	7月水位状态	9月水位埋深/m	9月水位标高/m	9月水位状态
TZ32	115°38'13.13"	32°07'25.66"	100	65	45.68	19.32	静水位	46.30	18.70	静水位
TZ33	115°34'45.16"	32°04'49.94"	92	66	54.30	11.70	动水位	53.55	12.45	动水位
TZ34	115°42'23.03"	32°06'23.18"	80	39	28.09	10.91	动水位	18.85	20.15	动水位
TZ35	115°42'50.62"	32°10'50.97"	120	38	29.88	8.12	动水位	24.82	13.18	动水位
TZ36	115°47'47.86"	32°12'17.93"	140	36	17.86	18.14	动水位	18.24	17.76	动水位
TZ37	115°50'50.39"	32°11'56.09"	100	35	18.01	16.99	动水位	12.05	22.95	动水位
TZ38	115°44'03.68"	32°08'04.43"	150	41	33.71	7.29	动水位	33.29	7.71	动水位
TZ39	115°49'33.09"	32°05'18.89"	170	44	23.63	20.37	动水位	22.80	21.20	静水位
TZ40	115°52'10.35"	32°06'18.03"	120	50	31.15	18.85	静水位	31.24	18.76	静水位
TZ41	115°40'41.59"	32°20'50.46"	134	48	31.04	16.96	静水位	31.89	16.11	静水位
TZ42	115°37'34.29"	32°19'36.92"	162	50	46.98	3.02	静水位	47.88	2.12	静水位
TZ43	115°40'23.55"	32°15'36.72"	160	35	8.92	26.08	静水位	26.10	8.90	动水位
TZ44	115°48'06.60"	32°28'05.64"	160	30	19.60	10.40	动水位	8.69	21.31	静水位
TZ45	115°46'33.51"	32°25'10.70"	155	31	15.53	15.47	动水位	9.84	21.16	静水位
TZ46	115°40'19.42"	32°24'53.44"	205	40	40.05	-0.05	动水位	41.05	-1.05	动水位
TZ47	115°47'28.83"	32°17'06.59"	160	33	6.51	26.49	静水位	3.78	29.22	静水位
TZ48	115°44'04.36"	32°16'50.24"	98	33	7.32	25.68	静水位	6.51	26.49	静水位
TZ49	115°51'45.82"	32°17'16.33"	90	33	2.33	30.67	静水位	3.07	29.93	静水位

续附表1

统测点编号	经度	纬度	井深/m	地面高程/m	7月水位埋深/m	7月水位标高/m	7月水位状态	9月水位埋深/m	9月水位标高/m	9月水位状态
TZ50	115°50′52.02″	32°20′17.57″	120	31	10.04	20.96	静水位	13.12	17.88	动水位
TZ51	115°50′34.72″	32°12′12.94″	120	35	3.62	31.38	静水位	3.54	31.46	静水位
TZ52	115°49′28.44″	32°23′20.67″	106	26	6.26	19.74	静水位	23.55	2.45	动水位
TZ53	115°47′56.04″	32°21′13.42″	80	29	4.40	24.60	静水位	6.16	22.84	静水位
TZ54	115°29′04.11″	32°12′08.88″	180	63	56.36	6.64	动水位	50.61	12.39	动水位
TZ55	115°26′08.58″	32°13′30.10″	250	50	31.22	18.78	静水位	34.52	15.48	静水位
TZ56	115°29′03.91″	32°08′45.50″	240	47	40.78	6.22	动水位	19.62	27.38	动水位
TZ57	115°37′40.30″	32°11′05.07″	230	46	34.08	11.92	静水位	35.21	10.79	静水位
TZ58	115°32′08.41″	32°11′06.89″	160	43	26.34	16.66	动水位	23.95	19.05	动水位
TZ59	115°34′36.49″	32°09′53.61″	110	51	18.52	32.48	静水位	19.23	31.77	静水位
TZ60	115°22′27.07″	32°19′02.25″	120	45	31.75	13.25	动水位	20.13	24.87	静水位
TZ61	115°18′47.60″	32°16′35.30″	120	37	20.70	16.30	动水位	16.86	20.14	动水位
TZ62	115°21′13.64″	32°22′00.59″	120	39	37.54	1.46	动水位	19.07	19.93	动水位
TZ63	115°15′34.17″	32°26′18.05″	110	35	26.50	8.50	动水位	19.04	15.96	动水位
TZ64	115°10′40.85″	32°24′44.25″	300	35	26.73	8.27	静水位	24.98	10.02	静水位
TZ65	115°16′31.71″	32°23′47.03″	120	34	24.10	9.90	动水位	5.10	28.90	动水位
TZ66	115°28′35.57″	32°20′39.63″	120	34	5.49	28.51	静水位	5.33	28.67	静水位

续附表 1

统测点编号	经度	纬度	井深/m	地面高程/m	7月水位埋深/m	7月水位标高/m	7月水位状态	9月水位埋深/m	9月水位标高/m	9月水位状态
TZ67	115°25′19.00″	32°22′24.09″	120	35	17.71	17.29	动水位	18.06	16.94	动水位
TZ68	115°30′31.83″	32°22′24.09″	120	29	18.10	10.90	动水位	25.35	3.65	动水位
TZ69	115°27′41.02″	32°25′27.25″	120	28	15.37	12.63	静水位	14.82	13.18	静水位
TZ70	115°28′59.24″	32°27′23.28″	120	28	17.69	10.31	静水位	20.80	7.20	静水位
TZ71	115°20′27.87″	32°26′42.62″	120	34	16.22	17.78	静水位	16.30	17.70	静水位
TZ72	115°26′39.89″	32°30′10.81″	100	29	11.24	17.76	静水位	12.82	16.18	静水位
TZ73	115°19′34.71″	32°32′18.51″	120	36	8.12	27.88	静水位	5.49	30.51	静水位
TZ74	115°16′23.00″	32°33′46.00″	330	35	5.17	29.83	静水位	7.20	27.80	静水位
TZ75	115°10′23.00″	32°35′05.00″	120	38	9.34	28.66	动水位	8.02	29.98	动水位
TZ76	115°04′31.61″	32°34′23.23″	120	39	4.79	34.21	静水位	6.14	32.86	静水位
TZ77	115°13′20.76″	32°31′52.91″	300	36	18.31	17.69	动水位	3.82	32.18	动水位
TZ78	115°07′13.69″	32°32′50.89″	120	38	6.99	31.01	静水位	6.27	31.73	静水位
TZ79	115°08′21.73″	32°26′35.61″	300	36	9.95	26.05	静水位	10.19	25.81	静水位
TZ80	115°12′56.49″	32°27′09.09″	120	36	2.00	34.00	动水位	6.48	29.52	动水位
TZ81	115°14′52.67″	32°29′26.68″	200	36	1.89	34.11	静水位	2.86	33.14	静水位
TZ82	115°06′09.51″	32°23′31.51″	80	35	9.83	25.17	静水位	12.50	22.50	静水位
TZ83	115°00′48.95″	32°23′26.51″	100	40	32.04	7.96	动水位	13.67	26.33	动水位

续附表1

统测点编号	经度	纬度	井深/m	地面高程/m	7月水位埋深/m	7月水位标高/m	7月水位状态	9月水位埋深/m	9月水位标高/m	9月水位状态
TZ84	114°51′26.06″	32°22′24.13″	120	43	4.30	38.70	静水位	12.45	30.55	静水位
TZ85	114°50′35.51″	32°16′55.36″	130	39	14.60	24.40	静水位	14.19	24.81	静水位
TZ86	115°00′54.57″	32°20′43.45″	120	38	11.79	26.21	静水位	13.99	24.01	动水位
TZ87	115°00′54.57″	32°20′43.45″	90	36	11.79	24.21	动水位	13.21	22.79	动水位
TZ88	115°00′27.75″	32°28′01.54″	120	40	8.72	31.28	静水位	9.17	30.83	静水位
TZ89	115°05′00.98″	32°28′47.24″	100	38	4.19	33.81	静水位	4.74	33.26	静水位
TZ90	114°59′07.83″	32°36′44.02″	100	40	12.76	27.24	静水位	9.55	30.45	静水位
TZ91	114°58′35.53″	32°34′14.91″	105	39	6.82	32.18	静水位	6.17	32.83	静水位
TZ92	114°53′46.07″	32°34′34.94″	100	42	11.27	30.73	动水位	7.78	34.22	动水位
TZ93	114°52′46.07″	32°28′41.67″	80	47	1.91	45.09	静水位	6.17	40.83	静水位
TZ94	114°40′57.83″	32°27′12.34″	120	54	5.84	48.16	静水位	8.32	45.68	静水位
TZ95	114°38′15.28″	32°30′08.96″	80	57	4.66	52.34	静水位	5.68	51.32	静水位
TZ96	114°49′51.59″	32°31′37.43″	75	45	2.06	42.94	静水位	5.07	39.93	静水位
TZ97	114°48′30.27″	32°25′37.91″	122	52	13.10	38.90	动水位	10.78	41.22	动水位
TZ98	114°47′59.39″	32°11′02.33″	150	75	53.47	21.53	动水位	24.92	50.08	动水位
TZ99	114°46′14.60″	32°14′11.38″	120	86	56.95	29.05	动水位	53.85	32.15	动水位
TZ100	114°39′01.54″	32°21′47.21″	120	49	14.78	34.22	动水位	12.00	37.00	动水位
TZ101	114°39′45.15″	32°19′23.77″	110	47	10.37	36.63	静水位	10.48	36.52	静水位

附表 2　信阳市中深层地下水抽水试验成果

试验编号	位置	井深/m	钻孔半径/m	井管半径/m	滤水管长度/m	含水层岩性	含水层厚度/m	静水位埋深/m	动水位埋深/m	水位降深/m	出水量/(m³/d)	渗透系数 K/(m/d)	比弹性释水系数 μ_e/m^{-1}
S1	平桥区肖王镇许岗村肖王水厂	120	0.3	0.2	12	泥质中粗砂、砂砾石	50	27.77	33.46	5.69	720	3.93	2.37×10^{-5}
S2	罗山县宝城街道桑园村毕塆东	120	0.3	0.175	6	中细砂	5.65	34.18	64.29	30.11	768	6.75	1.10×10^{-4}
S3	光山县寨河镇杜岗村东北	108	0.3	0.2	12	粉细砂、中细砂	12	23.80	35.14	11.34	960	11.65	1.38×10^{-5}
S4	潢川县魏岗乡首集魏岗水厂	180	0.3	0.175	12	含砾中粗砂、粗砂	47.81	10.20	11.95	1.75	480	10.51	3.07×10^{-6}
S5	固始县分水亭镇清心自来水厂	140	0.25	0.15	54	砾砂	53.12	8.15	14.92	6.77	720	2.99	4.02×10^{-4}
S6	固始县胡族铺镇新店集中供水站	160	0.25	0.136 5	48	中粗砂	48.95	19.12	29.59	10.47	480	1.38	6.42×10^{-4}
S7	固始县柳树店乡柳树店村集中供水站	124	0.25	0.136 5	42	砾砂、细砾	41.12	18.82	32.22	13.4	768	2.13	3.07×10^{-4}

续附表 2

试验编号	位置	井深/m	钻孔半径/m	井管半径/m	滤水管长度/m	含水层岩性	含水层厚度/m	静水位埋深/m	动水位埋深/m	水位降深/m	出水量/(m³/d)	渗透系数 K/(m/d)	比弹性释水系数 μ_e/m^{-1}
S8	固始县洪埠乡集中供水站	200	0.25	0.136 5	30	中细砂	30	9.26	16.14	6.88	480	4.19	2.76×10^{-5}
S9	固始县三河尖镇集中供水站	160	0.25	0.15	18	中粗砂、砾砂	15.01	9.87	21.85	11.98	768	6.68	8.27×10^{-5}
S10	淮滨县芦集乡王家空村南王家空水厂	300	0.25	0.136 5	48	中粗砂、中细砂	47.49	15.8	28.56	12.76	1 920	6.16	8.16×10^{-5}
S11	淮滨县期思镇高庄村高庄供水站	350	0.25	0.136 5	72	中粗砂、中细砂	70	19.6	33.08	13.48	1 920	3.61	1.29×10^{-5}
S12	息县夏庄镇夏庄水厂	100	0.25	0.15	24	粉细砂	20	13.83	33.91	20.08	768	2.88	4.26×10^{-5}
S13	淮滨县赵集镇鑫龙自来水有限公司	330	0.25	0.136 5	72	细砂、粉细砂	69.9	15.64	24.5	8.86	1 920	4.95	7.0×10^{-5}
S14	息县岗李店乡孙老庄村西北水厂	100	0.25	0.15	24	中砂、粗砂砾石	20.52	9.59	12.5	2.91	960	20.75	3.73×10^{-5}
S15	息县白土店乡街村供水站	75	0.25	0.15	24	中粗砂、粗砂砾石	18.3	5.24	11.41	6.17	600	7.43	9.18×10^{-5}

附表 3　信阳市各县区地下水资源量统计

县区名称	地下水资源量/(万 m³/a)				可开采资源量/(万 m³/a)			
	平原区		山丘区	合计	平原区		山丘区	合计
	浅层	中深层			浅层	中深层		
固始县	31 000	2 189.12	30 043	63 232.12	23 687	2 189.12	27 039	52 915.12
光山县	6 193	356.73	13 529	20 078.73	4 682	356.73	12 176	17 214.73
淮滨县	16 391	3 220.46	1 322	20 933.46	12 602	3 220.46	1 190	17 012.46
潢川县	14 590	1 451.91	9 019	25 060.91	11 010	1 451.91	8 117	20 578.91
罗山县	12 071	648.16	14 917	27 636.16	9 101	648.16	13 425	23 174.16
平桥区	9 125	553.22	8 603	18 281.22	6 911	553.22	7 743	15 207.22
商城县	3 040	0	44 503	47 543	2 319	0	40 053	42 372
浉河区	1 589	0	10 522	12 111	1 202	0	94 69	10 671
息县	27 918	3 602.78	2 038	33 558.78	21 491	3 602.78	1 834	26 927.78
新县	0	0	33 394	33 394	0	0	30 055	30 055
合计	121 917	12 022.38	167 890	301 829.38	93 005	12 022.38	151 101	256 128.38

附表 4　信阳市中深层地下水开采量统计

县区	乡镇	水厂数量/个	日开采量/(m³/d)	年开采量/(万 m³/a)
固始县	马堽镇	2	600	21.9
	杨集乡	2	500	18.25
	汪棚镇	2	200	7.3
	草庙集乡	3	1 000	36.5
	大桥乡	5	5 000	182.5
	沙河铺镇	2	5 000	182.5
	分水亭镇	1	5 000	182.5
	泉河铺镇	1	3 000	109.5
	柳树店乡	1	2 600	94.9
	石佛店镇	2	600	21.9
	张广庙镇	4	8 000	292
	李店镇	3	1 400	51.1
	观堂乡	5	3 200	116.8
	洪埠乡	6	650	23.725
	三河尖镇	2	1 440	52.56

续附表 4

县区	乡镇	水厂数量/个	日开采量/（m³/d）	年开采量/（万 m³/a）
固始县	丰港乡	5	3 750	136.875
	往流镇	3	1 400	51.1
	蒋集镇	4	1 600	58.4
	陈集镇	5	4 000	146
	徐集乡	4	2 200	80.3
	胡族铺镇	4	3 540	129.21
	产业集聚区	3	1 200	43.8
	小计	69	55 880	2 039.62
罗山县	高店乡	3	800	29.2
	尤店乡	2	500	18.25
	东铺镇	2	1 200	43.8
	宝城街道	6	1 200	43.8
	楠杆镇	3	1 050	38.325
	龙山街道	4	2 200	80.3
	庙仙乡	3	900	32.85
	竹杆镇	4	450	16.425
	小计	27	8 300	302.95
淮滨县	滨湖办事处	2	1 000	36.5
	桂花办事处	1	500	18.25
	顺河办事处	1	600	21.9
	王店乡	5	3 000	109.5
	张庄乡	5	2 000	73
	马集镇	2	1 100	40.15
	芦集乡	4	2 600	94.9
	邓弯乡	3	700	25.55
	期思镇	2	2 000	73
	谷堆乡	6	4 000	146
	王家岗乡	3	2 000	73
	台头乡	3	4 500	164.25

续附表 4

县区	乡镇	水厂数量/个	日开采量/(m³/d)	年开采量/(万 m³/a)
淮滨县	栏杆街道	5	7 500	273.75
	固城乡	4	15 000	547.5
	赵集镇	1	1 000	36.5
	张里乡	4	4 800	175.2
	三空桥乡	5	1 500	54.75
	防胡镇	3	1 200	43.8
	新里镇	3	1 000	36.5
	小计	62	56 000	2 044.00
平桥区	胡店乡	4	500	18.25
	龙井乡	3	500	18.25
	肖店乡	2	400	14.6
	肖王乡	3	1 220	44.53
	五里镇	1	1 000	36.5
	小计	13	3 620	132.13
潢川县	付店镇	4	3 360	122.64
	隆古乡	4	1 000	36.5
	魏岗乡	1	1 000	36.5
	来龙乡	3	600	21.9
	踅孜镇	2	600	21.9
	上油岗乡	2	400	14.6
	谈店镇	2	300	10.95
	伞陂镇	3	1 060	38.69
	黄寺岗镇	3	2 800	102.2
	桃林铺镇	2	800	29.2
	张集镇	2	300	10.95
	黄湖农场镇	2	500	18.25
	小计	30	12 720	464.28
光山县	孙铁铺镇	1	400	14.6
	寨河镇	3	800	29.2
	十里镇	1	100	3.65
	小计	5	1 300	47.45

续附表 4

县区	乡镇	水厂数量/个	日开采量/(m³/d)	年开采量/(万 m³/a)
息县	城区自来水厂	1	50 000	1825
	长陵乡	4	1 000	36.5
	夏庄镇	5	1 100	40.15
	项店镇	5	800	29.2
	关店镇	9	500	18.25
	临河乡	8	1 600	58.4
	陈棚乡	4	1 000	36.5
	小茴店镇	10	10 000	365
	岗李店乡	7	7 000	255.5
	包信镇	5	1 000	36.5
	东岳镇	7	14 000	511
	张陶乡	7	7 000	255.5
	路口乡	17	6 800	248.2
	彭店乡	7	1 400	51.1
	白土店乡	5	5 000	182.5
	杨店乡	6	6 000	219
	曹黄林镇	8	1 800	65.7
	八里岔乡	8	1 200	43.8
	孙庙乡	4	800	29.2
	小计	128	118 000	4 307
合计		334	255 820	9 337.43

附　件

附件1　信阳市中深层地下水水质检测报告(一)

QRD63－2016

检 测 报 告

第 050/2011301205 号

　　　　样品名称：水样

　　　　数　　量：　11组

　　　　委托单位：　河南省郑州地质工程勘察院

　　　　检验类型：　委托检验

　　　　批　　准：

　　　　审　　核：

　　　　主　　检：

　　　　签发日期：2020 年 11 月 18 日

河南省地质工程勘察院实验室

第1页 共14页

QRD63—2016

检　测　报　告

分析批号：050　　　　　　　　　　　　　　　依据标准：GB/T 5750—2006
送样单位：河南省郑州地质工程勘察院　　　　　分析编号：S2011301205
送样日期：2020年11月07日　　　　　　　　　客户编号：SY1
取样位置：平桥区肖店乡肖店村水厂　　　　　　样品名称：水　样
　　　　　　　　　　　　　　　　　　　　　　样品数量：11组

离　子		(B)/(mg/L)	$\frac{c(1/zB^{z\pm})}{(mmol/L)}$	$x(1/zB^{z\pm})/\%$	项　目	(B)/(mg/L)	项　目	(B)/(mg/L)
阳离子	K^+	0.36	0.01	0.19	溶解性总固体	248.2	铁	<0.025
	Na^+	15.95	0.69	14.35	游离CO_2	—	砷	<0.001
	Ca^{2+}	55.77	2.7^m	57.57	偏硅酸	30.9	硒	<0.000 4
	Mg^{2+}	16.38	1.35	27.89	耗氧量（以O_2计）	0.89	铬（六价）	<0.004
	NH_4^+	<0.02			溶解氧	—		
	合计	88.10	4.83	100.0	含沙量			
阴离子	Cl^-	15.72	0.44	8.80	化学耗氧量（COD）			
	SO_4^{2-}	7.66	0.16	3.17	五日生化需氧量（BOD_5）	—		
	HCO_3^-	266.0	4.36	86.55	总硬度($CaCO_3$计)	196.2		
	CO_3^{2-}	<5			永久硬度($CaCO_3$计)	0.0		
	OH^-	<2			暂时硬度($CaCO_3$计)	196.2		
	NO_3^-	3.29	0.05	1.05	负硬度($CaCO_3$计)	22.0		
	NO_2^-	<0.004			总碱度($CaCO_3$计)	218.2		
	F^-	0.41	0.02	0.43	总酸度($CaCO_3$计)	—		
	PO_4^{3-}	—			阴离子合成洗涤剂			
	总计	293.1	5.04	100.0	挥发性酚（以苯酚计）			
氨氮(以N计)		<0.02			氰化物			
硝酸盐(以N计)		—			硫化物			
亚硝酸盐(以N计)		—			碘化物	<0.05		
溴化物		—			总氮（以N计）	—		
pH		7.09			总α放射性/（Bq/L）			
色度（度）		<5			总β放射性/（Bq/L）	—		
浑浊度(NTU)		<0.5			电导率/（μS/cm）	417		
臭和味		无			菌落总数/(CFU/mL)			
肉眼可见物		无			总大肠菌群/(			
备注		水化学类型：HCO_3^--Ca^{2+}·Mg^{2+}						

河南省地质工程勘察院实验室

QRD63－2016

检 测 报 告

分析批号：050
送样单位：河南省郑州地质工程勘察院
送样日期：2020年11月07日
取样位置：平桥区五里镇西北五里镇水厂

依据标准：GB/T 5750－2006
分析编号：S2011301206
客户编号：SY2
样品名称：水 样
样品数量：11组

离 子		(B)/(mg/L)	$c(1/zB^{z\pm})$ /(mmol/L)	$x(1/zB^{z\pm})$ /%	项 目	(B)/(mg/L)	项 目	(B)/(mg/L)
阳离子	K^+	0.39	0.01	0.22	溶解性总固体	244.7	铁	<0.025
	Na^+	20.00	0.87	18.66	游离CO_2	—	砷	<0.001
	Ca^{2+}	49.67	2.48	53.15	偏硅酸	36.0	硒	<0.000 4
	Mg^{2+}	15.85	1.30	27.98	耗氧量（以O_2计）	0.65	铬（六价）	<0.004
	NH_4^+	<0.02			溶解氧	—		
	合计	85.52	4.66	100.0	含沙量			
阴离子	Cl^-	20.96	0.59	11.88	化学耗氧量（COD）			
	SO_4^{2-}	7.37	0.15	3.08	五日生化需氧量（BOD_5）			
	HCO_3^-	253.4	4.15	83.43	总硬度（$CaCO_3$计）	162.1		
	CO_3^{2-}	<5			永久硬度（$CaCO_3$计）	0.0		
	OH^-	<2			暂时硬度（$CaCO_3$计）	162.1		
	NO_3^-	3.76	0.06	1.22	负硬度（$CaCO_3$计）	45.6		
	NO_2^-	<0.004			总碱度（$CaCO_3$计）	207.8		
	F^-	0.37	0.02	0.39	总酸度（$CaCO_3$计）	—		
	PO_4^{3-}	—			阴离子合成洗涤剂			
	总计	285.8	4.98	100.0	挥发性酚（以苯酚计）			
氨氮（以N计）		<0.02			氰化物			
硝酸盐（以N计）		—			硫化物			
亚硝酸盐（以N计）		—			碘化物	<0.05		
溴化物		—			总氮（以N计）	—		
pH		7.11			总α放射性/(Bq/L)	—		
色度（度）		<5			总β放射性/(Bq/L)	—		
浑浊度（NTU）		<0.5			电导率/(μS/cm)	409		
臭和味		无			菌落总数/(CFU/mL)			
肉眼可见物		无			总大肠菌群/(CFU/L)			
备注		水化学类型：$HCO_3^- - Ca^{2+} \cdot Mg^{2+}$						

河南省地质工程勘察院实验室

QRD63—2016

检 测 报 告

分析批号：050

送样单位：河南省郑州地质工程勘察院

送样日期：2020年11月07日

取样位置：罗山县尤店乡尤店村尤店水厂

依据标准：GB/T 5750—2006

分析编号：S2011301207

客户编号：SY3

样品名称：水 样

样品数量：11组

离　子		(B)/(mg/L)	$c(1/zB^{z\pm})$ /(mmol/L)	$x(1/zB^{z\pm})$/%	项　目	(B)/(mg/L)	项　目	(B)/(mg/L)
阳离子	K^+	0.42	0.01	0.28	溶解性总固体	206.4	铁	<0.025
	Na^+	19.25	0.84	22.01	游离CO_2	—	砷	<0.001
	Ca^{2+}	40.08	2.00	52.57	偏硅酸	53.3	硒	<0.0004
	Mg^{2+}	11.62	0.96	25.15	耗氧量（以O_2计）	0.49	铬（六价）	<0.004
	NH_4^+	<0.02			溶解氧	—		
	合计	70.96	3.80	100.0	含沙量			
阴离子	Cl^-	10.48	0.30	6.80	化学耗氧量（COD）	—		
	SO_4^{2-}	3.23	0.07	1.55	五日生化需氧量（BOD_5）			
	HCO_3^-	240.7	3.94	90.75	总硬度（$CaCO_3$计）	132.1		
	CO_3^{2-}	<5			永久硬度（$CaCO_3$计）	0.0		
	OH^-	<2			暂时硬度（$CaCO_3$计）	132.1		
	NO_3^-	0.88	0.01	0.33	负硬度（$CaCO_3$计）	65.3		
	NO_2^-	<0.004			总碱度（$CaCO_3$计）	197.4		
	F^-	0.48	0.03	0.58	总酸度（$CaCO_3$计）	—		
	PO_4^{3-}	—			阴离子合成洗涤剂			
	总计	255.8	4.35	100.0	挥发性酚（以苯酚计）	—		
氨氮（以N计）		<0.02			氰化物			
硝酸盐（以N计）		—			硫化物			
亚硝酸盐（以N计）		—			碘化物	<0.05		
溴化物		—			总氮（以N计）	—		
pH		7.12			总α放射性/（Bq/L）			
色度（度）		<5			总β放射性/（Bq/L）			
浑浊度（NTU）		<0.5			电导率/（μS/cm）	339		
臭和味		无			菌落总数/（CFU/mL）			
肉眼可见物		无			总大肠菌群（个/L）			
备注		水化学类型：$HCO_3^- - Ca^{2+} \cdot Mg^{2+}$						

河南省地质工程勘察院实验室

QRD63—2016

检 测 报 告

分析批号：050　　　　　　　　　　　　　　　依据标准：GB/T 5750—2006

送样单位：河南省郑州地质工程勘察院　　　　分析编号：S2011301208

送样日期：2020年11月07日　　　　　　　　　客户编号：SY4

取样位置：罗山县东铺镇黄堰村黄堰水厂　　　样品名称：水 样

　　　　　　　　　　　　　　　　　　　　　　样品数量：11组

离 子		(B)/(mg/L)	$c(1/zB^{z\pm})$ /(mmol/L)	$x(1/zB^{z\pm})$/%	项 目	(B)/(mg/L)	项 目	(B)/(mg/L)
阳离子	K^+	0.45	0.01	0.26	溶解性总固体	226.6	铁	<0.025
	Na^+	22.24	0.97	21.70	游离CO_2	—	砷	<0.001
	Ca^{2+}	43.57	2.17	48.77	偏硅酸	47.9	硒	<0.000 4
	Mg^{2+}	15.85	1.30	29.27	耗氧量（以O_2计）	0.57	铬（六价）	<0.004
	NH_4^+	<0.02			溶解氧	—		—
	合计	81.66	4.46	100.0	含沙量			
阴离子	Cl^-	6.99	0.20	4.22	化学耗氧量（COD）			
	SO_4^{2-}	3.90	0.08	1.74	五日生化需氧量（BOD_5）			
	HCO_3^-	266.0	4.36	93.29	总硬度（$CaCO_3$计）	148.1		
	CO_3^{2-}	<5			永久硬度（$CaCO_3$计）	0.0		
	OH^-	<2			暂时硬度（$CaCO_3$计）	148.1		
	NO_3^-	0.49	0.01	0.17	负硬度（$CaCO_3$计）	70.0		
	NO_2^-	<0.004			总碱度（$CaCO_3$计）	218.2		
	F^-	0.52	0.03	0.59	总酸度（$CaCO_3$计）			
	PO_4^{3-}	—			阴离子合成洗涤剂	—		
	总计	277.9	4.67	100.0	挥发性酚（以苯酚计）	—		
氨氮（以N计）		<0.02			氰化物			
硝酸盐（以N计）		—			硫化物			
亚硝酸盐（以N计）		—			碘化物	<0.05		
溴化物		—			总氮（以N计）			
pH		7.10			总α放射性/（Bq/L）	—		
色度（度）		<5			总β放射性/（Bq/L）	—		
浑浊度（NTU）		<0.5			电导率/（μS/cm）	380		
臭和味		无			菌落总数/（CFU/mL）			
肉眼可见物		无			总大肠菌群			
备注		水化学类型：$HCO_3^- - Ca^{2+} \cdot Mg^{2+}$						

河南省地质工程勘察院实验室

QRD63—2016

检 测 报 告

分析批号：050
送样单位：河南省郑州地质工程勘察院
送样日期：2020年11月07日
取样位置：罗山县龙山街道十里塘社区十里塘水厂

依据标准：GB/T 5750—2006
分析编号：S2011301209
客户编号：SY5
样品名称：水 样
样品数量：11组

离 子		(B)/(mg/L)	$c(1/zB^{z\pm})$ /(mmol/L)	$x(1/zB^{z\pm})$/%	项 目	(B)/(mg/L)	项 目	(B)/(mg/L)
阳离子	K^+	0.65	0.02	0.29	溶解性总固体	296.1	铁	<0.025
	Na^+	24.18	1.05	18.53	游离CO_2	—	砷	<0.001
	Ca^{2+}	60.99	3.04	53.61	偏硅酸	42.2	硒	<0.0004
	Mg^{2+}	19.02	1.57	27.58	耗氧量（以O_2计）	0.57	铬（六价）	<0.004
	NH_4^+	<0.02			溶解氧			
	合计	104.20	5.68	100.0	含沙量			
阴离子	Cl^-	12.22	0.34	5.63	化学耗氧量（COD）	—		
	SO_4^{2-}	3.42	0.07	1.16	五日生化需氧量（BOD_5）			
	HCO_3^-	342.0	5.61	91.58	总硬度（$CaCO_3$计）	202.2		
	CO_3^{2-}	<5			永久硬度（$CaCO_3$计）	0.0		
	OH^-	<2			暂时硬度（$CaCO_3$计）	202.2		
	NO_3^-	4.84	0.08	1.28	负硬度（$CaCO_3$计）	78.3		
	NO_2^-	<0.004			总碱度（$CaCO_3$计）	280.5		
	F^-	0.41	0.02	0.35	总酸度（$CaCO_3$计）	—		
	PO_4^{3-}	—			阴离子合成洗涤剂			
	总计	362.9	6.12	100.0	挥发性酚（以苯酚计）	—		
氨氮(以N计)		<0.02			氰化物			
硝酸盐(以N计)		—			硫化物			
亚硝酸盐(以N计)		—			碘化物	<0.05		
溴化物		—			总氮（以N计）			
pH		7.13			总α放射性/(Bq/L)			
色度（度）		<5			总β放射性/(Bq/L)	—		
浑浊度（NTU）		<0.5			电导率/(μS/cm)	479		
臭和味		无			菌落总数/(CFU/mL)			
肉眼可见物		无			总大肠菌群/(个/L)			
备注		水化学类型：$HCO_3^- - Ca^{2+} \cdot Mg^{2+}$						

河南省地质工程勘察院实验室

QRD63—2016

检 测 报 告

分析批号：050
送样单位：河南省郑州地质工程勘察院
送样日期：2020年11月07日
取样位置：光山县孙铁铺镇周乡村光山县皖润自来水厂

依据标准：GB/T 5750—2006
分析编号：S2011301210
客户编号：SY6
样品名称：水 样
样品数量：11组

离 子		(B)/(mg/L)	$c(1/zB^{x\pm})$/(mmol/L)	$x(1/zB^{x\pm})$/%	项 目	(B)/(mg/L)	项 目	(B)/(mg/L)
阳离子	K^+	1.31	0.03	0.51	溶解性总固体	341.6	铁	<0.025
	Na^+	24.92	1.08	16.54	游离CO_2	—	砷	<0.001
	Ca^{2+}	64.48	3.22	49.10	偏硅酸	30.7	硒	<0.0004
	Mg^{2+}	26.95	2.22	33.85	耗氧量（以O_2计）	0.57	铬（六价）	<0.004
	NH_4^+	<0.02			溶解氧			
	合计	116.35	6.55	100.0	含沙量			
阴离子	Cl^-	36.67	1.03	15.30	化学耗氧量（COD）	—		
	SO_4^{2-}	7.95	0.17	2.45	五日生化需氧量（BOD_5）	—		
	HCO_3^-	316.7	5.19	76.75	总硬度（$CaCO_3$计）	246.2		
	CO_3^{2-}	<5			永久硬度（$CaCO_3$计）	0.0		
	OH^-	<2			暂时硬度（$CaCO_3$计）	246.2		
	NO_3^-	21.87	0.35	5.22	负硬度（$CaCO_3$计）	13.5		
	NO_2^-	<0.004			总碱度（$CaCO_3$计）	259.7		
	F^-	0.37	0.02	0.29	总酸度（$CaCO_3$计）			
	PO_4^{3-}	—			阴离子合成洗涤剂	—		
	总计	383.6	6.76	100.0	挥发性酚（以苯酚计）	—		
氨氮（以N计）		<0.02			氰化物			
硝酸盐（以N计）		—			硫化物			
亚硝酸盐（以N计）		—			碘化物	<0.05		
溴化物		—			总氮（以N计）			
pH		7.15			总α放射性/（Bq/L）	—		
色度（度）		<5			总β放射性/（Bq/L）	—		
浑浊度（NTU）		<0.5			电导率/（μS/cm）	575		
臭和味		无			菌落总数/（CFU/mL）			
肉眼可见物		无			总大肠菌群/（个/L）			
备注		水化学类型：$HCO_3^- - Ca^{2+} \cdot Mg^{2+}$						

河南省地质工程勘察院实验室

QRD63—2016

检 测 报 告

分析批号：050
送样单位：河南省郑州地质工程勘察院
送样日期：2020年11月07日
取样位置：光山县寨河镇陈兴寨村陈兴寨水厂

依据标准：GB/T 5750—2006
分析编号：S2011301211
客户编号：SY7
样品名称：水 样
样品数量：11组

离　子		(B)/(mg/L)	c(1/zB^{z±})/(mmol/L)	x(1/zB^{z±})/%	项　目	(B)/(mg/L)	项　目	(B)/(mg/L)
阳离子	K^+	0.62	0.02	0.35	溶解性总固体	244.2	铁	<1.56
	Na^+	23.67	1.03	23.09	游离CO_2	—	砷	<0.012
	Ca^{2+}	43.57	2.17	48.75	偏硅酸	34.2	硒	<0.000 4
	Mg^{2+}	14.79	1.22	27.30	耗氧量（以O_2计）	0.89	铬（六价）	<0.004
	NH_4^+	0.41	0.02	0.51	溶解氧			
	合计	82.03	4.46	100.0	含沙量	—		
阴离子	Cl^-	10.48	0.30	5.67	化学耗氧量（COD）	—		
	SO_4^{2-}	5.54	0.12	2.21	五日生化需氧量（BOD_5）			
	HCO_3^-	291.4	4.77	91.63	总硬度（$CaCO_3$计）	168.1		
	CO_3^{2-}	<5			永久硬度（$CaCO_3$计）	0.0		
	OH^-	<2			暂时硬度（$CaCO_3$计）	168.1		
	NO_3^-	<0.1			负硬度（$CaCO_3$计）	70.8		
	NO_2^-	<0.004			总碱度（$CaCO_3$计）	238.9		
	F^-	0.48	0.03	0.48	总酸度（$CaCO_3$计）	—		
	PO_4^{3-}	—			阴离子合成洗涤剂	—		
	总计	307.9	5.21	100.0	挥发性酚（以苯酚计）	—		
氨氮（以N计）		0.32			氰化物			
硝酸盐（以N计）		—			硫化物			
亚硝酸盐（以N计）		—			碘化物	<0.05		
溴化物		—			总氮（以N计）			
pH		7.17			总α放射性/(Bq/L)	—		
色度（度）		<5			总β放射性/(Bq/L)	—		
浑浊度（NTU）		<0.5			电导率/(μS/cm)	403		
臭和味		无			菌落总数/(CFU/mL)			
肉眼可见物		无			总大肠菌群/(个/L)			
备注		水化学类型：$HCO_3^- - Ca^{2+} \cdot Mg^{2+}$						

河南省地质工程勘察院实验室

QRD63—2016

检 测 报 告

分析批号：050　　　　　　　　　　　　　　　依据标准：GB/T 5750—2006
送样单位：河南省郑州地质工程勘察院　　　　分析编号：S2011301212
送样日期：2020年11月07日　　　　　　　　　客户编号：SY8
　　　　　　　　　　　　　　　　　　　　　　样品名称：水 样
取样位置：潢川县付店镇北潢川付店供水站　　样品数量：11组

离　　　子		$(B)/(mg/L)$	$\dfrac{c(1/zB^{z\pm})}{/(mmol/L)}$	$x(1/zB^{z\pm})/\%$	项　目	$(B)/(mg/L)$	项　目	$(B)/(mg/L)$
阳离子	K^+	0.86	0.02	0.48	溶解性总固体	238.7	铁	<0.025
	Na^+	49.86	2.17	47.33	游离CO_2	—	砷	<0.001
	Ca^{2+}	23.53	1.17	25.62	偏硅酸	26.8	硒	<0.000 4
	Mg^{2+}	14.79	1.22	26.57	耗氧量（以O_2计）	0.57	铬（六价）	<0.004
	NH_4^+	<0.02			溶解氧			
	合计	88.18	4.58	100.0	含沙量			
阴离子	Cl^-	12.22	0.34	7.15	化学耗氧量（COD）			
	SO_4^{2-}	3.90	0.08	1.68	五日生化需氧量（BOD_5）	—		
	HCO_3^-	266.0	4.36	90.35	总硬度（$CaCO_3$计）	92.1		
	CO_3^{2-}	<5			永久硬度（$CaCO_3$计）	0.0		
	OH^-	<2			暂时硬度（$CaCO_3$计）	92.1		
	NO_3^-	0.90	0.01	0.30	负硬度（$CaCO_3$计）	126.1		
	NO_2^-	<0.004			总碱度（$CaCO_3$计）	218.2		
	F^-	0.48	0.03	0.52	总酸度（$CaCO_3$计）			
	PO_4^{3-}	—			阴离子合成洗涤剂			
	总计	283.5	4.83	100.0	挥发性酚（以苯酚计）	—		
氨氮（以N计）		<0.02			氰化物			
硝酸盐（以N计）		—			硫化物			
亚硝酸盐（以N计）		—			碘化物	<0.05		
溴化物		—			总氮（以N计）			
pH		7.16			总α放射性/（Bq/L）	—		
色度（度）		<5			总β放射性/（Bq/L）	—		
浑浊度（NTU）		<0.5			电导率/（μS/cm）	387		
臭和味		无			菌落总数（CFU/mL）			
肉眼可见物		无			总大肠菌群（个/L）			
备注		水化学类型：$HCO_3^- - Na^+ \cdot Mg^{2+} \cdot Ca^{2+}$						

河南省地质工程勘察院实验室

QRD63－2016

检 测 报 告

分析批号：050　　　　　　　　　　　　　　　　　　　　　依据标准：GB/T 5750—2006
送样单位：河南省郑州地质工程勘察院　　　　　　　　分析编号：S2011301213
送样日期：2020年11月07日　　　　　　　　　　　　　客户编号：SY9
取样位置：潢川县来龙乡普集村龙泉水厂　　　　　　　样品名称：水 样
　　　　　　　　　　　　　　　　　　　　　　　　　　样品数量：11组

离　子		(B)/(mg/L)	$c(1/zB^{z\pm})$ /(mmol/L)	$x(1/zB^{z\pm})$/%	项　目	(B)/(mg/L)	项　目	(B)/(mg/L)
阳离子	K^+	0.52	0.01	0.25	溶解性总固体	290.4	铁	<0.15
	Na^+	36.18	1.57	29.07	游离CO_2	—	砷	<0.001
	Ca^{2+}	52.28	2.61	48.19	偏硅酸	36.7	硒	<0.000 4
	Mg^{2+}	14.79	1.22	22.49	耗氧量（以O_2计）	0.57	铬（六价）	<0.004
	NH_4^+	<0.02			溶解氧			
	合计	103.26	5.41	100.0	含沙量			
阴离子	Cl^-	15.72	0.44	7.39	化学耗氧量（COD）	—		
	SO_4^{2-}	5.93	0.12	2.06	五日生化需氧量（BOD_5）	—		
	HCO_3^-	329.4	5.40	90.02	总硬度（$CaCO_3$计）	172.1		
	CO_3^{2-}	<5			永久硬度（$CaCO_3$计）	0.0		
	OH^-	<2			暂时硬度（$CaCO_3$计）	172.1		
	NO_3^-	0.26	0.00	0.07	负硬度（$CaCO_3$计）	98.0		
	NO_2^-	<0.004			总碱度（$CaCO_3$计）	270.1		
	F^-	0.52	0.03	0.46	总酸度（$CaCO_3$计）	—		
	PO_4^{3-}	—			阴离子合成洗涤剂			
	总计	351.8	6.00	100.0	挥发性酚（以苯酚计）	—		
氨氮（以N计）		<0.02			氰化物			
硝酸盐（以N计）		—			硫化物			
亚硝酸盐（以N计）		—			碘化物		<0.05	
溴化物					总氮（以N计）			
pH		7.14			总α放射性/(Bq/L)	—		
色度（度）		10			总β放射性/(Bq/L)	—		
浑浊度（NTU）		6			电导率/(μS/cm)	467		
臭和味		无			菌落总数/(CFU/mL)			
肉眼可见物		底部有少量黄褐色沉淀			总大肠菌群/(个/L)			
备注		水化学类型：$HCO_3^- - Ca^{2+} \cdot Na^+$						

河南省地质工程勘察院实验室

QRD63—2016

检 测 报 告

分析批号：050　　　　　　　　　　　　　　　依据标准：GB/T 5750—2006
送样单位：河南省郑州地质工程勘察院　　　　分析编号：S2011301214
送样日期：2020年11月07日　　　　　　　　客户编号：SY10
　　　　　　　　　　　　　　　　　　　　　　样品名称：水 样
取样位置：潢川县伞陂镇万大桥村崔营组伞陂水厂　　样品数量：11组

离　　子		(B)/(mg/L)	$c(1/zB^{z\pm})$ /(mmol/L)	$x(1/zB^{z\pm})$ /%	项　目	(B)/(mg/L)	项　目	(B)/(mg/L)
阳离子	K^+	0.63	0.02	0.19	溶解性总固体	461.4	铁	<0.025
	Na^+	64.42	2.80	33.60	游离CO_2	—	砷	<0.001
	Ca^{2+}	67.09	3.35	40.14	偏硅酸	44.0	硒	<0.0004
	Mg^{2+}	26.42	2.17	26.07	耗氧量（以O_2计）	1.22	铬（六价）	<0.004
	NH_4^+	<0.02			溶解氧			
	合计	157.93	8.34	100.0	含沙量			
阴离子	Cl^-	59.37	1.67	18.50	化学耗氧量（COD）	—		
	SO_4^{2-}	32.66	0.68	7.51	五日生化需氧量（BOD_5）	—		
	HCO_3^-	392.7	6.44	71.07	总硬度（$CaCO_3$计）	256.2		
	CO_3^{2-}	<5			永久硬度（$CaCO_3$计）	0.0		
	OH^-	<2			暂时硬度（$CaCO_3$计）	256.2		
	NO_3^-	14.44	0.23	2.57	负硬度（$CaCO_3$计）	65.8		
	NO_2^-	<0.004			总碱度（$CaCO_3$计）	322.0		
	F^-	0.61	0.03	0.35	总酸度（$CaCO_3$计）			
	PO_4^{3-}	—			阴离子合成洗涤剂			
	总计	499.8	9.06	100.0	挥发性酚（以苯酚计）	—		
氨氮（以N计）		<0.02			氰化物			
硝酸盐（以N计）		—			硫化物			
亚硝酸盐（以N计）		—			碘化物		<0.05	
溴化物		—			总氮（以N计）			
pH		7.16			总α放射性/（Bq/L)	—		
色度（度）		<5			总β放射性/（Bq/L)	—		
浑浊度（NTU）		<0.5			电导率/（μS/cm)	751		
臭和味		无			菌落总数/（CFU/mL)			
肉眼可见物		无			总大肠菌群/（个/L)			
备注		水化学类型：$HCO_3^- - Ca^{2+} \cdot Na^+ \cdot Mg^{2+}$						

河南省地质工程勘察院实验室

检 测 报 告

QRD63—2016

分析批号：050

依据标准：GB/T 5750—2006

送样单位：河南省郑州地质工程勘察院

分析编号：S2011301215

送样日期：2020年11月07日

客户编号：SY11

取样位置：潢川县桃林铺镇桃林水厂

样品名称：水　样

样品数量：11组

离　子		(B)/(mg/L)	$c(1/zB^{z\pm})$ /(mmol/L)	$x(1/zB^{z\pm})$/%	项　目	(B)/(mg/L)	项　目	(B)/(mg/L)
阳离子	K^+	0.43	0.01	0.18	溶解性总固体	320.4	铁	<0.031
	Na^+	42.17	1.83	29.83	游离CO_2	—	砷	<0.001
	Ca^{2+}	51.41	2.57	41.71	偏硅酸	39.0	硒	<0.0004
	Mg^{2+}	21.14	1.74	28.29	耗氧量（以O_2计）	0.57	铬（六价）	<0.004
	NH_4^+	<0.02			溶解氧	—		
	合计	114.71	6.15	100.0	含沙量			
阴离子	Cl^-	10.48	0.30	4.44	化学耗氧量（COD）			
	SO_4^{2-}	4.00	0.08	1.25	五日生化需氧量（BOD_5）	—		
	HCO_3^-	380.0	6.23	93.65	总硬度（$CaCO_3$计）	190.2		
	CO_3^{2-}	<5			永久硬度（$CaCO_3$计）	0.0		
	OH^-	<2			暂时硬度（$CaCO_3$计）	190.2		
	NO_3^-	0.52	0.01	0.13	负硬度（$CaCO_3$计）	121.5		
	NO_2^-	<0.004			总碱度（$CaCO_3$计）	311.6		
	F^-	0.66	0.03	0.52	总酸度（$CaCO_3$计）			
	PO_4^{3-}	—			阴离子合成洗涤剂			
	总计	395.7	6.65	100.0	挥发性酚（以苯酚计）	—		
氨氮（以N计）		<0.02			氰化物			
硝酸盐（以N计）		—			硫化物			
亚硝酸盐（以N计）		—			碘化物		<0.05	
溴化物		—			总氮（以N计）			
pH		7.18			总α放射性/（Bq/L）			
色度（度）		<5			总β放射性/（Bq/L）			
浑浊度（NTU）		<0.5			电导率/（μS/cm）	520		
臭和味		无			菌落总数/（CFU/mL）			
肉眼可见物		无			总大肠菌群/（个/L）			
备注		水化学类型：HCO_3^- - Ca^{2+}·Na^+·Mg^{2+}						

河南省地质工程勘察院实验室

检测方法及依据

送样单位: 河南省郑州地质工程勘察院

项目名称: 信阳市第三次全国水资源评价中深层地下水调查评价

分析批号: 050

检测日期: 2020年11月07日

项目		检测方法依据	检查方法	检出限(B)
K⁺	mg/L	GB/T 8538—2016	火焰原子吸收光谱法	0.05
Na⁺	mg/L	GB/T 8538—2016	火焰原子吸收光谱法	0.01
Ca²⁺	mg/L	GB/T 8538—2016	乙二胺四乙酸二钠滴定法	2.00
Mg²⁺	mg/L	GB/T 8538—2016	乙二胺四乙酸二钠滴定法	1.00
NH₄⁺	mg/L	GB/T 5750.5—2006	纳氏试剂分光光度法	0.02
Cl⁻	mg/L	GB/T 5750.5—2006	硝酸银容量法	1.0
SO₄²⁻	mg/L	DZ/T 0064.65—1993	比浊法	1.0
HCO₃⁻	mg/L	DZ/T 0064.49—1993	滴定法	5.0
CO₃²⁻	mg/L	DZ/T 0064.49—1993	滴定法	5.0
OH⁻	mg/L	DZ/T 0064.49—1993	滴定法	2.0
NO₃⁻	mg/L	GB/T 5750.5—2006	紫外分光光度法	0.5
NO₂⁻	mg/L	GB/T 5750.5—2006	重氮偶合分光光度法	0.001
F⁻	mg/L	GB/T 5750.5—2006	离子选择电极法	0.2
氨氮(以N计)	mg/L	GB/T 5750.5—2006	纳氏试剂分光光度法	0.02
pH	—	GB/T 5750.4—2006	玻璃电极法	0.01
溶解性总固体	mg/L	GB/T 5750.4—2006	称量法	5.0
偏硅酸	mg/L	GB/T 8538—2016	硅钼黄分光光度法	1.0
耗氧量	mg/L	DZ/T 0064.68—1993	酸性高锰酸钾滴定法	0.4
总硬度	mg/L	GB/T 5750.4—2006	乙二胺四乙酸二钠滴定法	1.0
电导率	μS/cm	GB/T 5750.4—2006	电极法	0.01
碘化物	mg/L	GB/T 5750.5—2006	高浓度碘化物比色法	0.05

项目		检测方法依据	检查方法	检出限(B)
臭和味	—	GB/T 5750.4—2006	嗅气和尝味法	—
色度	度	GB/T 5750.4—2006	铂-钴标准比色法	5
浑浊度	NTU	GB/T 5750.4—2006	散射法—福尔马肼标准	0.5
肉眼可见物	—	GB/T 5750.4—2006	直接观察法	—
铁	mg/L	GB 8538—2016	原子吸收分光光度法	0.025
锰	mg/L	GB 8538—2016	原子吸收分光光度法	0.025
砷	mg/L	GB/T 5750.6—2006	氢化物原子荧光法	0.001
硒	mg/L	GB/T 5750.6—2006	氢化物原子荧光法	0.0004
铬(六价)	mg/L	GB/T 5750.6—2006	二苯碳酰二肼分光光度法	0.004
镉	mg/L	GB/T 5750.6—2006	无火焰原子吸收分光光度法	0.0005

河南省地质工程勘察院实验室

附件 2　信阳市中深层地下水水质检测报告(二)

QRD63－2016

检 测 报 告

第 051/2012101232 号

样品名称：水样

数　　量：19 组

委托单位：河南省郑州地质工程勘察院

检验类型：委托检验

批　　准：刘之治

审　　核：崔亮山

主　　检：杨大刀

签发日期：2020 年 11 月 18 日

河南省地质工程勘察院实验室

第 1 页　共 22 页

QRD63—2016

检 测 报 告

分析批号：051
送样单位：河南省郑州地质工程勘察院
送样日期：2020年11月11日
取样位置：固始县草庙集乡官田村东南草庙集自来水厂

依据标准：GB/T 5750—2006
分析编号：S2012101232
客户编号：SY12
样品名称：水 样
样品数量：19组

离 子		(B)/(mg/L)	$c(1/zB^{z\pm})$/(mmol/L)	$x(1/zB^{z\pm})$/%	项 目	(B)/(mg/L)	项 目	(B)/(mg/L)
阳离子	K^+	1.05	0.03	0.43	溶解性总固体	317.9	铁	<0.025
	Na^+	42.52	1.85	29.51	游离CO_2	—	砷	<0.001
	Ca^{2+}	52.28	2.61	41.62	偏硅酸	70.3	硒	<0.000 4
	Mg^{2+}	21.66	1.78	28.45	耗氧量（以O_2计）	0.48	铬（六价）	<0.004
	NH_4^+	<0.02			溶解氧	—		—
	合计	116.5	6.27	100.0	含沙量	—		
阴离子	Cl^-	21.84	0.62	9.65	化学耗氧量（COD）	—		
	SO_4^{2-}	1.79	0.04	0.58	五日生化需氧量（BOD_5）	—		
	HCO_3^-	342.0	5.61	87.76	总硬度（$CaCO_3$计）	192.2		
	CO_3^{2-}	<5			永久硬度（$CaCO_3$计）	0.0		
	OH^-	<2			暂时硬度（$CaCO_3$计）	192.2		
	NO_3^-	6.20	0.10	1.57	负硬度（$CaCO_3$计）	88.3		
	NO_2^-	<0.004			总碱度（$CaCO_3$计）	280.5		
	F^-	0.54	0.03	0.44	总酸度（$CaCO_3$计）	—		
	PO_4^{3-}	—			阴离子合成洗涤剂	—		
	总计	372.4	6.39	100.0	挥发性酚（以苯酚计）	—		
氨氮（以N计）		<0.02			氰化物	—		
硝酸盐（以N计）		—			硫化物	—		
亚硝酸盐（以N计）		—			碘化物	<0.05		
溴化物		—			总氮（以N计）	—		
pH		7.15			总α放射性/（Bq/L）	—		
色度（度）		<5			总β放射性/（Bq/L）	—		
浑浊度（NTU）		<0.5			电导率/（μS/cm）	537		
臭和味		无			菌落总数/（CFU/mL）	—		
肉眼可见物		无			总大肠菌群/（CFU/L）	—		
备注		水化学类型：HCO_3^--Ca^{2+}·Na^+·Mg^{2+}						

河南省地质工程勘察院实验室

QRD63—2016

检　测　报　告

分析批号：051　　　　　　　　　　　　　　依据标准：GB/T 5750—2006
送样单位：河南省郑州地质工程勘察院　　　分析编号：S2012101233
送样日期：2020年11月11日　　　　　　　　客户编号：SY13
取样位置：固始县分水亭镇清心自来水厂　　样品名称：水　样
　　　　　　　　　　　　　　　　　　　　　样品数量：19组

离　　子		(B)/(mg/L)	$c(1/zB^{z\pm})$ /(mmol/L)	$x(1/zB^{z\pm})$/%	项　　目	(B)/(mg/L)	项　　目	(B)/(mg/L)
阳离子	K^+	1.08	0.03	0.45	溶解性总固体	306.8	铁	<0.10
	Na^+	31.98	1.39	22.43	游离CO_2	—	砷	<0.001
	Ca^{2+}	60.99	3.04	49.08	偏硅酸	66.5	硒	<0.000 4
	Mg^{2+}	21.14	1.74	28.05	耗氧量（以O_2计）	0.65	铬（六价）	<0.004
	NH_4^+	<0.02			溶解氧			
	合计	114.11	6.20	100.0	含沙量			
阴离子	Cl^-	6.72	0.19	3.02	化学耗氧量（COD）	—		
	SO_4^{2-}	1.79	0.04	0.59	五日生化需氧量（BOD_5）			
	HCO_3^-	367.4	6.02	95.93	总硬度（$CaCO_3$计）	216.2		
	CO_3^{2-}	<5			永久硬度（$CaCO_3$计）	0.0		
	OH^-	<2			暂时硬度（$CaCO_3$计）	216.2		
	NO_3^-	<0.1			负硬度（$CaCO_3$计）	85.1		
	NO_2^-	<0.004			总碱度（$CaCO_3$计）	301.3		
	F^-	0.54	0.03	0.45	总酸度（$CaCO_3$计）			
	PO_4^{3-}	—			阴离子合成洗涤剂	—		
	总计	376.4	6.28	100.0	挥发性酚（以苯酚计）	—		
氨氮（以N计）		<0.02			氰化物	—		
硝酸盐（以N计）		—			硫化物	—		
亚硝酸盐（以N计）		—			碘化物	<0.05		
溴化物		—			总氮（以N计）	—		
pH		7.16			总α放射性/（Bq/L）	—		
色度（度）		<5			总β放射性/（Bq/L）	—		
浑浊度（NTU）		<0.5			电导率/（μS/cm）	499		
臭和味		无			菌落总数/（CFU/mL）			
肉眼可见物		无			总大肠菌群（个/L）			
备注		水化学类型：HCO_3^--Ca^{2+}·Mg^{2+}						

河南省地质工程勘察院实验室

QRD63—2016

检 测 报 告

分析批号：051
送样单位：河南省郑州地质工程勘察院
送样日期：2020年12月16日27日
取样位置：固始县柳树店乡柳树店村集中供水站

依据标准：GB/T 5750—2006
分析编号：S2012101234
客户编号：SY14
样品名称：水 样
样品数量：19组

离　　子		(B)/(mg/L)	$c(1/zB^{z\pm})$ /(mmol/L)	$x(1/zB^{z\pm})$/%	项　目	(B)/(mg/L)	项　目	(B)/(mg/L)
阳离子	K^+	2.10	0.05	1.14	溶解性总固体	243.0	铁	<0.17
	Na^+	28.55	1.24	26.40	游离CO_2	—	砷	<0.001
	Ca^{2+}	39.21	1.96	41.59	偏硅酸	47.9	硒	<0.0004
	Mg^{2+}	17.44	1.44	30.51	耗氧量（以O_2计）	0.81	铬（六价）	<0.004
	NH_4^+	0.31	0.02	0.37	溶解氧			
	合计	85.20	4.70	100.0	含沙量			
阴离子	Cl^-	28.57	0.81	16.79	化学耗氧量（COD）			
	SO_4^{2-}	21.07	0.44	9.14	五日生化需氧量（BOD_5）			
	HCO_3^-	215.4	3.53	73.55	总硬度（$CaCO_3$计）	154.1		
	CO_3^{2-}	<5			永久硬度（$CaCO_3$计）	0.0		
	OH^-	<2			暂时硬度（$CaCO_3$计）	154.1		
	NO_3^-	<0.1			负硬度（$CaCO_3$计）	22.5		
	NO_2^-	<0.004			总碱度（$CaCO_3$计）	176.6		
	F^-	0.47	0.02	0.52	总酸度（$CaCO_3$计）			
	PO_4^{3-}	—			阴离子合成洗涤剂	—		
	总计	265.5	4.80	100.0	挥发性酚（以苯酚计）	—		
氨氮（以N计）		<0.02			氰化物			
硝酸盐（以N计）		—			硫化物			
亚硝酸盐（以N计）		—			碘化物		<0.05	
溴化物		—			总氮（以N计）			
pH		7.18			总α放射性/（Bq/L）			
色度（度）		5			总β放射性/（Bq/L）			
浑浊度（NTU）		2			电导率/（μS/cm）	413		
臭和味		无			菌落总数/（CFU/mL）			
肉眼可见物		底部有少量棕色沉淀			总大肠菌群/（个/L）			
备注		水化学类型：$HCO_3^- - Ca^{2+} \cdot Mg^{2+} \cdot Na^+$						

河南省地质工程勘察院实验室

QRD63—2016

检　测　报　告

分析批号：051
送样单位：河南省郑州地质工程勘察院
送样日期：2020年11月11日
取样位置：固始县洪埠乡集中供水站

依据标准：GB/T 5750—2006
分析编号：S2012101235
客户编号：SY15
样品名称：水　样
样品数量：19组

离　子		(B)/(mg/L)	$\frac{c(1/zB^{z\pm})}{/(mmol/L)}$	$x(1/zB^{z\pm})/\%$	项　目	(B)/(mg/L)	项　目	(B)/(mg/L)
阳离子	K^+	0.64	0.02	0.33	溶解性总固体	270.2	铁	<0.32
	Na^+	37.12	1.61	32.15	游离CO_2	—	砷	<0.0017
	Ca^{2+}	44.44	2.22	44.15	偏硅酸	50.7	硒	<0.0004
	Mg^{2+}	14.27	1.17	23.38	耗氧量（以O_2计）	0.73	铬（六价）	<0.004
	NH_4^+	<0.02			溶解氧	—		
	合计	95.82	5.02	100.0	含沙量			
阴离子	Cl^-	10.08	0.28	5.06	化学耗氧量（COD）			
	SO_4^{2-}	5.14	0.11	1.91	五日生化需氧量（BOD_5）	—		
	HCO_3^-	316.7	5.19	92.39	总硬度（$CaCO_3$计）	160.1		
	CO_3^{2-}	<5			永久硬度（$CaCO_3$计）	0.0		
	OH^-	<2			暂时硬度（$CaCO_3$计）	160.1		
	NO_3^-	0.14	0.00	0.04	负硬度（$CaCO_3$计）	99.6		
	NO_2^-	<0.004			总碱度（$CaCO_3$计）	259.7		
	F^-	0.64	0.03	0.60	总酸度（$CaCO_3$计）	—		
	PO_4^{3-}	—			阴离子合成洗涤剂			
	总计	332.7	5.62	100.0	挥发性酚（以苯酚计）	—		
氨氮（以N计）		<0.02			氰化物	—		
硝酸盐（以N计）		—			硫化物			
亚硝酸盐（以N计）		—			碘化物	<0.05		
溴化物		—			总氮（以N计）			
pH		7.19			总α放射性/(Bq/L)			
色度（度）		8			总β放射性/(Bq/L)	—		
浑浊度（NTU）		4			电导率/(μS/cm)	429		
臭和味		无			菌落总数/(CFU/mL)			
肉眼可见物		底部有少量黄褐色沉淀			总大肠菌群/(人/L)			
备注		水化学类型：$HCO_3^- - Ca^{2+} \cdot Na^+$						

河南省地质工程勘察院实验室

QRD63—2016

检 测 报 告

分析批号：051
送样单位：河南省郑州地质工程勘察院
送样日期：2020年11月11日
取样位置：固始县三河尖镇黄郢村西北三河尖镇集中供水站

依据标准：GB/T 5750—2006
分析编号：S2012101236
客户编号：SY16
样品名称：水 样
样品数量：19组

离　　　子		$(B)/(mg/L)$	$c(1/zB^{z\pm})$ $/(mmol/L)$	$x(1/zB^{z\pm})/\%$	项　　目	$(B)/(mg/L)$	项　　目	$(B)/(mg/L)$
阳离子	K^+	0.93	0.02	0.36	溶解性总固体	360.2	铁	<0.16
	Na^+	71.83	3.12	47.46	游离CO_2	—	砷	<0.001
	Ca^{2+}	47.92	2.39	36.32	偏硅酸	59.7	硒	<0.000 4
	Mg^{2+}	12.68	1.04	15.85	耗氧量（以O_2计）	0.48	铬（六价）	<0.004
	NH_4^+	<0.02			溶解氧	—		
	合计	132.44	6.58	100.0	含沙量			
阴离子	Cl^-	13.44	0.38	5.43	化学耗氧量（COD）	—		
	SO_4^{2-}	36.34	0.76	10.84	五日生化需氧量（BOD_5）	—		
	HCO_3^-	354.7	5.81	83.25	总硬度（$CaCO_3$计）	166.1		
	CO_3^{2-}	<5			永久硬度（$CaCO_3$计）	0.0		
	OH^-	<2			暂时硬度（$CaCO_3$计）	166.1		
	NO_3^-	<0.1			负硬度（$CaCO_3$计）	124.7		
	NO_2^-	0.004 2	0.00	0.00	总碱度（$CaCO_3$计）	290.9		
	F^-	0.64	0.03	0.48	总酸度（$CaCO_3$计）	—		
	PO_4^{3-}	—			阴离子合成洗涤剂			
	总计	405.1	6.98	100.0	挥发性酚（以苯酚计）	—		
氨氮（以N计）		<0.02			氰化物			
硝酸盐（以N计）		—			硫化物			
亚硝酸盐（以N计）		—			碘化物	<0.05		
溴化物		—			总氮（以N计）			
pH		7.20			总α放射性/（Bq/L）	—		
色度（度）		<5			总β放射性/（Bq/L）	—		
浑浊度（NTU）		<0.5			电导率/（μS/cm）	577		
臭和味		无			菌落总数/（CFU/mL）			
肉眼可见物		无			总大肠菌群/（个/L）			
备注		水化学类型：$HCO_3^- - Na^+ \cdot Ca^{2+}$						

河南省地质工程勘察院实验室

QRD63—2016

检 测 报 告

分析批号：051
送样单位：河南省郑州地质工程勘察院
送样日期：2020年11月11日
取样位置：固始县往流镇张围村南300 m往流镇集中供水站

依据标准：GB/T 5750—2006
分析编号：S2012101237
客户编号：SY17
样品名称：水 样
样品数量：19组

离　子		(B)/(mg/L)	$\frac{c(1/zB^{z\pm})}{/(mmol/L)}$	$x(1/zB^{z\pm})/\%$	项　目	(B)/(mg/L)	项　目	(B)/(mg/L)
阳离子	K^+	1.07	0.03	0.41	溶解性总固体	376.3	铁	<0.075
	Na^+	74.71	3.25	48.41	游离CO_2	—	砷	<0.001
	Ca^{2+}	40.08	2.00	29.80	偏硅酸	86.2	硒	<0.000 4
	Mg^{2+}	17.44	1.44	21.38	耗氧量（以O_2计）	0.40	铬（六价）	<0.004
	NH_4^+	<0.02			溶解氧	—		
	合计	132.23	6.71	100.0	含沙量	—		
阴离子	Cl^-	15.12	0.43	5.88	化学耗氧量（COD）	—		
	SO_4^{2-}	57.08	1.19	16.38	五日生化需氧量（BOD_5）	—		
	HCO_3^-	342.0	5.61	77.26	总硬度（$CaCO_3$计）	160.1		
	CO_3^{2-}	<5			永久硬度（$CaCO_3$计）	0.0		
	OH^-	<2			暂时硬度（$CaCO_3$计）	160.1		
	NO_3^-	0.22	0.00	0.05	负硬度（$CaCO_3$计）	120.4		
	NO_2^-	<0.004			总碱度（$CaCO_3$计）	280.5		
	F^-	0.59	0.03	0.43	总酸度（$CaCO_3$计）	—		
	PO_4^{3-}				阴离子合成洗涤剂	—		
	总计	415.0	7.25	100.0	挥发性酚（以苯酚计）	—		
氨氮（以N计）		<0.02			氰化物	—		
硝酸盐（以N计）		—			硫化物	—		
亚硝酸盐（以N计）		—			碘化物	<0.05		
溴化物		—			总氮（以N计）	—		
pH		7.21			总α放射性/（Bq/L）	—		
色度（度）		<5			总β放射性/（Bq/L）	—		
浑浊度（NTU）		<0.5			电导率/（μS/cm）	576		
臭和味		无			菌落总数/（CFU/mL）	—		
肉眼可见物		无			总大肠菌群/（个/L）	—		
备注		水化学类型：HCO_3^-－Na^+·Ca^{2+}						

河南省地质工程勘察院实验室

QRD63—2016

检 测 报 告

分析批号：051　　　　　　　　　　　依据标准：GB/T 5750—2006
送样单位：河南省郑州地质工程勘察院　　分析编号：S2012101238
送样日期：2020年11月11日　　　　　　客户编号：SY18
取样位置：固始县陈集镇鲍店村自来水厂　样品名称：水 样
　　　　　　　　　　　　　　　　　　　样品数量：19组

离 子		(B)/(mg/L)	c(1/zB^{z±})/(mmol/L)	x(1/zB^{z±})/%	项 目	(B)/(mg/L)	项 目	(B)/(mg/L)
阳离子	K^+	1.31	0.03	0.36	溶解性总固体	482.7	铁	<0.025
	Na^+	38.90	1.69	18.13	游离CO_2	—	砷	<0.001
	Ca^{2+}	88.01	4.39	47.04	偏硅酸	43.9	硒	<0.000 4
	Mg^{2+}	39.10	3.22	34.47	耗氧量（以O_2计）	0.57	铬（六价）	<0.004
	NH_4^+	<0.02			溶解氧			
	合计	166.01	9.34	100.0	含沙量			
阴离子	Cl^-	18.48	0.52	5.42	化学耗氧量（COD）	—		
	SO_4^{2-}	55.75	1.16	12.07	五日生化需氧量（BOD_5）			
	HCO_3^-	481.4	7.89	82.01	总硬度（$CaCO_3$计）	366.3		
	CO_3^{2-}	<5			永久硬度（$CaCO_3$计）	0.0		
	OH^-	<2			暂时硬度（$CaCO_3$计）	366.3		
	NO_3^-	1.21	0.02	0.20	负硬度（$CaCO_3$计）	28.5		
	NO_2^-	<0.004			总碱度（$CaCO_3$计）	394.8		
	F^-	0.54	0.03	0.30	总酸度（$CaCO_3$计）			
	PO_4^{3-}	—			阴离子合成洗涤剂			
	总计	557.4	9.62	100.0	挥发性酚（以苯酚计）			
氨氮（以N计）		<0.02			氰化物			
硝酸盐（以N计）		—			硫化物	—		
亚硝酸盐（以N计）		—			碘化物	<0.05		
溴化物		—			总氮（以N计）			
pH		7.22			总α放射性/(Bq/L)	—		
色度（度）		<5			总β放射性/(Bq/L)	—		
浑浊度（NTU）		<0.5			电导率/(μS/cm)	739		
臭和味		无			菌落总数/(CFU/mL)			
肉眼可见物		无			总大肠菌群/(个/L)			
备注		水化学类型：HCO_3^--Ca^{2+}·Mg^{2+}						

河南省地质工程勘察院实验室

第9页　共22页

QRD63—2016

检 测 报 告

分析批号：051　　　　　　　　　　　　　　　依据标准：GB/T 5750—2006
送样单位：河南省郑州地质工程勘察院　　　　分析编号：S2012101239
送样日期：2020年11月11日　　　　　　　　客户编号：SY19
取样位置：固始县胡族铺镇杨店集中供水站　　样品名称：水　样
　　　　　　　　　　　　　　　　　　　　　　样品数量：19组

离　子		(B)/(mg/L)	$\underline{c(1/zB^{z\pm})}$ /(mmol/L)	$x(1/zB^{z\pm})$/%	项　目	(B)/(mg/L)	项　目	(B)/(mg/L)
阳离子	K^+	0.92	0.02	0.48	溶解性总固体	258.0	铁	<0.056
	Na^+	47.06	2.05	41.43	游离CO_2	—	砷	<0.001 4
	Ca^{2+}	33.11	1.65	33.44	偏硅酸	88.2	硒	<0.000 4
	Mg^{2+}	14.79	1.22	24.65	耗氧量（以O_2计）	0.48	铬（六价）	<0.004
	NH_4^+	<0.02			溶解氧	—		
	合计	94.97	4.94	100.0	含沙量	—		
阴离子	Cl^-	8.40	0.24	4.54	化学耗氧量（COD）	—		
	SO_4^{2-}	7.92	0.16	3.16	五日生化需氧量（BOD_5）	—		
	HCO_3^-	291.4	4.77	91.42	总硬度（$CaCO_3$计）	124.1		
	CO_3^{2-}	<5			永久硬度（$CaCO_3$计）	0.0		
	OH^-	<2			暂时硬度（$CaCO_3$计）	124.1		
	NO_3^-	0.21	0.00	0.06	负硬度（$CaCO_3$计）	114.8		
	NO_2^-	<0.004			总碱度（$CaCO_3$计）	238.9		
	F^-	0.81	0.04	0.82	总酸度（$CaCO_3$计）	—		
	PO_4^{3-}	—			阴离子合成洗涤剂	—		
	总计	308.7	5.22	100.0	挥发性酚（以苯酚计）	—		
氨氮（以N计）		<0.02			氰化物	—		
硝酸盐（以N计）		—			硫化物	—		
亚硝酸盐（以N计）		—			碘化物	<0.05		
溴化物		—			总氮（以N计）	—		
pH		7.20			总α放射性/(Bq/L)	—		
色度（度）		<5			总β放射性/(Bq/L)	—		
浑浊度（NTU）		<0.5			电导率/(μS/cm)	406		
臭和味		无			菌落总数/(CFU/mL)			
肉眼可见物		无			总大肠菌群/(个/L)			
备注		水化学类型：HCO_3^- – $Na^+ \cdot Ca^{2+}$						

河南省地质工程勘察院实验室

QRD63—2016

检 测 报 告

分析批号：051
送样单位：河南省郑州地质工程勘察院
送样日期：2020年11月11日
取样位置：固始县胡族铺镇新店集中供水站

依据标准：GB/T 5750—2006
分析编号：S2012101240
客户编号：SY20
样品名称：水 样
样品数量：19组

离 子		(B)/(mg/L)	$c(1/zB^{z\pm})$ /(mmol/L)	$x(1/zB^{z\pm})$ /%	项 目	(B)/(mg/L)	项 目	(B)/(mg/L)
阳离子	K^+	0.78	0.02	0.50	溶解性总固体	201.1	铁	<0.030
	Na^+	28.05	1.22	30.33	游离CO_2	—	砷	<0.001
	Ca^{2+}	31.37	1.57	38.91	偏硅酸	73.1	硒	<0.000 4
	Mg^{2+}	14.79	1.22	30.27	耗氧量(以O_2计)	0.57	铬(六价)	<0.004
	NH_4^+	<0.02			溶解氧			
	合计	74.21	4.02	100.0	含沙量			
阴离子	Cl^-	8.40	0.24	5.80	化学耗氧量(COD)	—		
	SO_4^{2-}	3.91	0.08	1.99	五日生化需氧量(BOD_5)	—		
	HCO_3^-	228.0	3.74	91.51	总硬度($CaCO_3$计)	120.1		
	CO_3^{2-}	<5			永久硬度($CaCO_3$计)	0.0		
	OH^-	<2			暂时硬度($CaCO_3$计)	120.1		
	NO_3^-	<0.1			负硬度($CaCO_3$计)	66.9		
	NO_2^-	<0.004			总碱度($CaCO_3$计)	187.0		
	F^-	0.54	0.03	0.70	总酸度($CaCO_3$计)			
	PO_4^{3-}	—			阴离子合成洗涤剂			
	总计	240.9	4.08	100.0	挥发性酚(以苯酚计)			
氨氮(以N计)		<0.02			氰化物			
硝酸盐(以N计)		—			硫化物			
亚硝酸盐(以N计)		—			碘化物	<0.05		
溴化物		—			总氮(以N计)			
pH		7.17			总α放射性/(Bq/L)			
色度(度)		<5			总β放射性/(Bq/L)			
浑浊度(NTU)		<0.5			电导率/(μS/cm)	312		
臭和味		无			菌落总数/(CFU/mL)			
肉眼可见物		无			总大肠菌群(个/L)			
备注		水化学类型：$HCO_3^- - Ca^{2+} \cdot Na^+ \cdot Mg^{2+}$						

河南省地质工程勘察院实验室

QRD63—2016

检 测 报 告

分析批号：051
送样单位：河南省郑州地质工程勘察院
送样日期：2020年11月11日
取样位置：淮滨县芦集乡王家空村南王家空水厂

依据标准：GB/T 5750—2006
分析编号：S2012101241
客户编号：SY21
样品名称：水 样
样品数量：19组

离 子		(B)/(mg/L)	$c(1/zB^{z\pm})$ /(mmol/L)	$x(1/zB^{z\pm})$/%	项 目	(B)/(mg/L)	项 目	(B)/(mg/L)
阳离子	K^+	2.31	0.06	0.77	溶解性总固体	407.5	铁	<0.025
	Na^+	66.51	2.89	37.82	游离CO_2	—	砷	<0.001
	Ca^{2+}	53.15	2.65	34.68	偏硅酸	71.9	硒	<0.0004
	Mg^{2+}	24.83	2.04	26.72	耗氧量（以O_2计）	0.48	铬（六价）	<0.004
	NH_4^+	<0.02			溶解氧			
	合计	144.50	7.65	100.0	含沙量			
阴离子	Cl^-	10.08	0.28	3.66	化学耗氧量（COD）	—		
	SO_4^{2-}	68.05	1.42	18.23	五日生化需氧量（BOD_5）			
	HCO_3^-	367.4	6.02	77.47	总硬度（$CaCO_3$计）	210.2		
	CO_3^{2-}	<5			永久硬度（$CaCO_3$计）	0.0		
	OH^-	<2			暂时硬度（$CaCO_3$计）	210.2		
	NO_3^-	0.42	0.01	0.09	负硬度（$CaCO_3$计）	91.1		
	NO_2^-	<0.004			总碱度（$CaCO_3$计）	301.3		
	F^-	0.81	0.04	0.55	总酸度（$CaCO_3$计）			
	PO_4^{3-}	—			阴离子合成洗涤剂			
	总计	446.7	7.77	100.0	挥发性酚（以苯酚计）			
氨氮（以N计）		<0.02			氰化物			
硝酸盐（以N计）		—			硫化物			
亚硝酸盐（以N计）		—			碘化物	<0.05		
溴化物		—			总氮（以N计）			
pH		7.18			总α放射性/（Bq/L）	—		
色度（度）		<5			总β放射性/（Bq/L）	—		
浑浊度（NTU）		<0.5			电导率/（μS/cm）	600		
臭和味		无			菌落总数/（CFU/mL）			
肉眼可见物		无			总大肠菌群/(			
备注		水化学类型：$HCO_3^- - Na^+ \cdot Ca^{2+} \cdot Mg^{2+}$						

河南省地质工程勘察院实验室

QRD63—2016

检 测 报 告

分析批号：051
送样单位：河南省郑州地质工程勘察院
送样日期：2020年11月11日
取样位置：淮滨县期思镇高庄村高庄供水站

依据标准：GB/T 5750—2006
分析编号：S2012101242
客户编号：SY22
样品名称：水 样
样品数量：19组

离　子		(B)/(mg/L)	$\frac{c(1/zB^{z\pm})}{/(mmol/L)}$	$x(1/zB^{z\pm})/\%$	项　目	(B)/(mg/L)	项　目	(B)/(mg/L)
阳离子	K^+	1.39	0.04	0.50	溶解性总固体	404.6	铁	<0.025
	Na^+	117.60	5.12	72.41	游离CO_2	—	砷	<0.0015
	Ca^{2+}	20.91	1.04	14.77	偏硅酸	86.5	硒	<0.0004
	Mg^{2+}	10.57	0.87	12.31	耗氧量（以O_2计）	0.81	铬（六价）	<0.004
	NH_4^+	<0.02			溶解氧	—		
	合计	149.08	7.06	100.0	含沙量			
阴离子	Cl^-	53.77	1.52	19.82	化学耗氧量（COD）	—		
	SO_4^{2-}	41.85	0.87	11.39	五日生化需氧量（BOD_5）	—		
	HCO_3^-	316.7	5.19	67.83	总硬度（$CaCO_3$计）	90.1		
	CO_3^{2-}	<5			永久硬度（$CaCO_3$计）	0.0		
	OH^-	<2			暂时硬度（$CaCO_3$计）	90.1		
	NO_3^-	0.30	0.00	0.06	负硬度（$CaCO_3$计）	169.6		
	NO_2^-	0.0058	0.00	0.00	总碱度（$CaCO_3$计）	259.7		
	F^-	1.29	0.07	0.89	总酸度（$CaCO_3$计）	—		
	PO_4^{3-}	—			阴离子合成洗涤剂			
	总计	413.9	7.65	100.0	挥发性酚（以苯酚计）	—		
氨氮（以N计）		<0.02			氰化物			
硝酸盐（以N计）		—			硫化物			
亚硝酸盐（以N计）		—			碘化物	<0.05		
溴化物		—			总氮（以N计）			
pH		7.23			总α放射性/（Bq/L）	—		
色度（度）		<5			总β放射性/（Bq/L）	—		
浑浊度（NTU）		<0.5			电导率/（μS/cm）	621		
臭和味		无			菌落总数/（CFU/mL）			
肉眼可见物		无			总大肠菌群/（个/L）			
备注		水化学类型：$HCO_3^- - Na^+$						

河南省地质工程勘察院实验室

QRD63—2016

检　测　报　告

分析批号：051
送样单位：河南省郑州地质工程勘察院
送样日期：2020年11月11日
取样位置：淮滨县台头乡台头村台头水厂

依据标准：GB/T 5750—2006
分析编号：S2012101243
客户编号：SY23
样品名称：水样
样品数量：19组

离　子		(B)/(mg/L)	$c(1/zB^{z\pm})$/(mmol/L)	$x(1/zB^{z\pm})$/%	项　目	(B)/(mg/L)	项　目	(B)/(mg/L)
阳离子	K^+	1.26	0.03	0.45	溶解性总固体	390.9	铁	<0.025
	Na^+	82.24	3.58	49.86	游离CO_2	—	砷	<0.0014
	Ca^{2+}	38.34	1.91	26.66	偏硅酸	85.4	硒	<0.0004
	Mg^{2+}	20.08	1.65	23.03	耗氧量（以O_2计）	0.65	铬（六价）	<0.004
	NH_4^+	<0.02			溶解氧	—		
	合计	140.66	7.18	100.0	含沙量			
阴离子	Cl^-	10.08	0.28	3.83	化学耗氧量（COD）	—		
	SO_4^{2-}	61.90	1.29	17.34	五日生化需氧量（BOD_5）	—		
	HCO_3^-	354.7	5.81	78.21	总硬度（$CaCO_3$计）	160.1		
	CO_3^{2-}	<5			永久硬度（$CaCO_3$计）	0.0		
	OH^-	<2			暂时硬度（$CaCO_3$计）	160.1		
	NO_3^-	0.0058	0.00	0.00	负硬度（$CaCO_3$计）	130.7		
	NO_2^-	<0.004			总碱度（$CaCO_3$计）	290.9		
	F^-	0.87	0.05	0.62	总酸度（$CaCO_3$计）	—		
	PO_4^{3-}	—			阴离子合成洗涤剂			
	总计	427.6	7.43	100.0	挥发性酚（以苯酚计）	—		
氨氮（以N计）		<0.02			氰化物			
硝酸盐（以N计）		—			硫化物			
亚硝酸盐（以N计）		—			碘化物	<0.05		
溴化物		—			总氮（以N计）			
pH		7.25			总α放射性/（Bq/L）	—		
色度（度）		<5			总β放射性/（Bq/L）	—		
浑浊度（NTU）		<0.5			电导率/（μS/cm）	579		
臭和味		无			菌落总数（CFU/mL）			
肉眼可见物		无			总大肠菌群			
备注		水化学类型：$HCO_3^- - Na^+ \cdot Ca^{2+}$						

河南省地质工程勘察院实验室

QRD63—2016

检 测 报 告

分析批号：051
送样单位：河南省郑州地质工程勘察院
送样日期：2020年11月11日
取样位置：淮滨县赵集镇鑫龙自来水有限公司

依据标准：GB/T 5750—2006
分析编号：S2012101244
客户编号：SY24
样品名称：水 样
样品数量：19组

离　　子		(B)/(mg/L)	$c(1/zB^{z\pm})$ /(mmol/L)	$x(1/zB^{z\pm})$ /%	项　　目	(B)/(mg/L)	项　目	(B)/(mg/L)
阳离子	K^+	2.09	0.05	0.86	溶解性总固体	313.0	铁	<0.025
	Na^+	45.96	2.00	32.10	游离CO_2	—	砷	<0.001 3
	Ca^{2+}	55.77	2.78	44.69	偏硅酸	51.5	硒	<0.004 0
	Mg^{2+}	16.91	1.39	22.35	耗氧量(以O_2计)	0.48	铬(六价)	<0.004
	NH_4^+	<0.02			溶解氧	—		
	合计	118.63	6.23	100.0	含沙量			
阴离子	Cl^-	6.72	0.19	3.00	化学耗氧量(COD)	—		
	SO_4^{2-}	3.13	0.07	1.03	五日生化需氧量(BOD$_5$)	—		
	HCO_3^-	367.4	6.02	95.29	总硬度(CaCO$_3$计)	188.2		
	CO_3^{2-}	<5			永久硬度(CaCO$_3$计)	0.0		
	OH^-	<2			暂时硬度(CaCO$_3$计)	188.2		
	NO_3^-	<0.1			负硬度(CaCO$_3$计)	113.1		
	NO_2^-	<0.004			总碱度(CaCO$_3$计)	301.3		
	F^-	0.81	0.04	0.67	总酸度(CaCO$_3$计)			
	PO_4^{3-}	—			阴离子合成洗涤剂			
	总计	378.0	6.32	100.0	挥发性酚(以苯酚计)	—		
氨氮(以N计)		<0.02			氰化物			
硝酸盐(以N计)		—			硫化物	—		
亚硝酸盐(以N计)		—			碘化物	<0.05		
溴化物		—			总氮(以N计)			
pH		7.26			总α放射性/(Bq/L)	—		
色度(度)		<5			总β放射性/(Bq/L)	—		
浑浊度(NTU)		<0.5			电导率/(μS/cm)	478		
臭和味		无			菌落总数/(CFU/mL)			
肉眼可见物		无			总大肠菌群/(个/L)			
备注		水化学类型：HCO_3^-－Ca^{2+}·Na^+						

河南省地质工程勘察院实验室

QRD63 —2016

检 测 报 告

分析批号：051
送样单位：河南省郑州地质工程勘察院
送样日期：2020年11月11日
取样位置：淮滨县防胡镇防胡水厂

依据标准：GB/T 5750—2006
分析编号：S2012101245
客户编号：SY25
样品名称：水 样
样品数量：19组

离　子		(B)/(mg/L)	$\frac{c(1/zB^{z\pm})}{/(mmol/L)}$	$x(1/zB^{z\pm})/\%$	项　目	(B)/(mg/L)	项　目	(B)/(mg/L)
阳离子	K^+	1.39	0.04	0.58	溶解性总固体	317.4	铁	<0.025
	Na^+	44.57	1.94	31.53	游离CO_2	—	砷	<0.0011
	Ca^{2+}	50.54	2.52	41.01	偏硅酸	49.9	硒	<0.0004
	Mg^{2+}	20.08	1.65	26.88	耗氧量（以O_2计）	0.48	铬（六价）	<0.004
	NH_4^+	<0.02			溶解氧	—		
	合计	115.19	6.15	100.0	含沙量			
阴离子	Cl^-	8.40	0.24	3.61	化学耗氧量（COD）	—		
	SO_4^{2-}	2.80	0.06	0.89	五日生化需氧量（BOD_5）	—		
	HCO_3^-	380.0	6.23	94.88	总硬度（$CaCO_3$计）	188.2		
	CO_3^{2-}	<5			永久硬度（$CaCO_3$计）	0.0		
	OH^-	<2			暂时硬度（$CaCO_3$计）	188.2		
	NO_3^-	0.28	0.00	0.07	负硬度（$CaCO_3$计）	123.5		
	NO_2^-	<0.004			总碱度（$CaCO_3$计）	311.6		
	F^-	0.69	0.04	0.55	总酸度（$CaCO_3$计）	—		
	PO_4^{3-}	—			阴离子合成洗涤剂			
	总计	392.2	6.56	100.0	挥发性酚（以苯酚计）	—		
氨氮（以N计）		<0.02			氰化物			
硝酸盐（以N计）		—			硫化物			
亚硝酸盐（以N计）		—			碘化物	<0.05		
溴化物		—			总氮（以N计）			
pH		7.28			总α放射性/（Bq/L）	—		
色度（度）		<5			总β放射性/（Bq/L）	—		
浑浊度（NTU）		<0.5			电导率/（μS/cm）	465		
臭和味		无			菌落总数/（CFU/mL）			
肉眼可见物		无			总大肠菌群/（个/L）			
备注		水化学类型：$HCO_3^- - Ca^{2+} \cdot Na^+ \cdot Mg^{2+}$						

河南省地质工程勘察院实验室

QRD63—2016

检 测 报 告

分析批号：051
送样单位：河南省郑州地质工程勘察院
送样日期：2020年11月11日
取样位置：息县夏庄镇夏庄水厂

依据标准：GB/T 5750—2006
分析编号：S2012101246
客户编号：SY26
样品名称：水 样
样品数量：19组

离 子		(B)/(mg/L)	$c(1/zB^{z\pm})$ /(mmol/L)	$x(1/zB^{z\pm})$ /%	项 目	(B)/(mg/L)	项 目	(B)/(mg/L)
阳离子	K^+	1.17	0.03	0.43	溶解性总固体	371.5	铁	<0.086
	Na^+	46.97	2.04	29.43	游离CO_2	—	砷	<0.001 5
	Ca^{2+}	61.87	3.09	44.46	偏硅酸	71.1	硒	<0.000 4
	Mg^{2+}	21.66	1.78	25.68	耗氧量（以O_2计）	0.65	铬（六价）	<0.004
	NH_4^+	<0.02			溶解氧			
	合计	130.50	6.94	100.0	含沙量			
阴离子	Cl^-	20.16	0.57	8.03	化学耗氧量（COD）	—		
	SO_4^{2-}	61.35	1.28	18.04	五日生化需氧量（BOD_5）			
	HCO_3^-	316.7	5.19	73.31	总硬度（$CaCO_3$计）	222.2		
	CO_3^{2-}	<5			永久硬度（$CaCO_3$计）	0.0		
	OH^-	<2			暂时硬度（$CaCO_3$计）	222.2		
	NO_3^-	0.45	0.01	0.10	负硬度（$CaCO_3$计）	37.5		
	NO_2^-	<0.004			总碱度（$CaCO_3$计）	259.7		
	F^-	0.69	0.04	0.51	总酸度（$CaCO_3$计）			
	PO_4^{3-}	—			阴离子合成洗涤剂	—		
	总计	399.3	7.08	100.0	挥发性酚（以苯酚计）	—		
氨氮（以N计）		<0.02			氰化物			
硝酸盐（以N计）		—			硫化物			
亚硝酸盐（以N计）		—			碘化物	<0.05		
溴化物		—			总氮（以N计）	—		
pH		7.29			总α放射性/（Bq/L）	—		
色度（度）		<5			总β放射性/（Bq/L）	—		
浑浊度（NTU）		<0.5			电导率/（μS/cm）	548		
臭和味		无			菌落总数/（CFU/mL）			
肉眼可见物		无			总大肠菌群/（不/L）			
备注		水化学类型：HCO_3^--Ca^{2+}·Na^+·Mg^{2+}						

河南省地质工程勘察院实验室

QRD63—2016

检　测　报　告

分析批号：051　　　　　　　　　　　　　　　　　依据标准：GB/T 5750—2006
送样单位：河南省郑州地质工程勘察院　　　　　　分析编号：S2012101247
送样日期：2020年11月11日　　　　　　　　　　客户编号：SY27
　　　　　　　　　　　　　　　　　　　　　　　样品名称：水　样
取样位置：息县关店镇柏庄村南柏庄水厂　　　　　样品数量：19组

离　子		$(B)/(mg/L)$	$\frac{c(1/zB^{z\pm})}{/(mmol/L)}$	$x(1/zB^{z\pm})/\%$	项　目	$(B)/(mg/L)$	项　目	$(B)/(mg/L)$
阳离子	K^+	0.65	0.02	0.31	溶解性总固体	276.9	铁	<0.025
	Na^+	34.15	1.49	27.21	游离CO_2	—	砷	<0.001
	Ca^{2+}	51.41	2.57	46.99	偏硅酸	52.8	硒	<0.0004
	Mg^{2+}	16.91	1.39	25.49	耗氧量（以O_2计）	0.48	铬（六价）	<0.004
	NH_4^+	<0.02			溶解氧	—		
	合计	102.47	5.46	100.0	含沙量			
阴离子	Cl^-	5.04	0.14	2.51	化学耗氧量（COD）	—		
	SO_4^{2-}	3.47	0.07	1.28	五日生化需氧量（BOD_5）	—		
	HCO_3^-	329.4	5.40	95.44	总硬度（$CaCO_3$计）	184.1		
	CO_3^{2-}	<5			永久硬度（$CaCO_3$计）	0.0		
	OH^-	<2			暂时硬度（$CaCO_3$计）	184.1		
	NO_3^-	0.62	0.01	0.18	负硬度（$CaCO_3$计）	85.9		
	NO_2^-	<0.004			总碱度（$CaCO_3$计）	270.1		
	F^-	0.64	0.03	0.60	总酸度（$CaCO_3$计）	—		
	PO_4^{3-}				阴离子合成洗涤剂			
	总计	339.1	5.66	100.0	挥发性酚（以苯酚计）			
氨氮（以N计）		<0.02			氰化物			
硝酸盐（以N计）		—			硫化物			
亚硝酸盐（以N计）		—			碘化物	<0.05		
溴化物					总氮（以N计）			
pH		7.30			总α放射性/（Bq/L）	—		
色度（度）		<5			总β放射性/（Bq/L）	—		
浑浊度（NTU）		<0.5			电导率/（μS/cm）	425		
臭和味		无			菌落总数/（CFU/mL）			
肉眼可见物		无			总大肠菌群（不／L）			
备注		水化学类型：$HCO_3^- - Ca^{2+} \cdot Na^+ \cdot Mg^{2+}$						

河南省地质工程勘察院实验室

QRD63—2016

检 测 报 告

分析批号：051　　　　　　　　　　　　　　　　依据标准：GB/T 5750—2006
送样单位：河南省郑州地质工程勘察院　　　　　分析编号：S2012101248
送样日期：2020年11月11日　　　　　　　　　　客户编号：SY28
取样位置：息县岗李店乡孙老庄村西北水厂　　　样品名称：水 样
　　　　　　　　　　　　　　　　　　　　　　　样品数量：19组

离 子		(B)/(mg/L)	$c(1/zB^{z\pm})$ /(mmol/L)	$x(1/zB^{z\pm})$/%	项 目	(B)/(mg/L)	项 目	(B)/(mg/L)
阳离子	K^+	0.71	0.02	0.27	溶解性总固体	335.7	铁	<0.066
	Na^+	49.28	2.14	32.49	游离CO_2	—	砷	<0.001
	Ca^{2+}	57.51	2.87	43.50	偏硅酸	46.7	硒	<0.000 4
	Mg^{2+}	19.02	1.57	23.73	耗氧量（以O_2计）	0.48	铬（六价）	<0.004
	NH_4^+	<0.02			溶解氧			
	合计	125.81	6.60	100.0	含沙量			
阴离子	Cl^-	10.08	0.28	4.22	化学耗氧量（COD）	—		
	SO_4^{2-}	9.15	0.19	2.83	五日生化需氧量（BOD_5）			
	HCO_3^-	380.0	6.23	92.45	总硬度（$CaCO_3$计）	208.2		
	CO_3^{2-}	<5			永久硬度（$CaCO_3$计）	0.0		
	OH^-	<2			暂时硬度（$CaCO_3$计）	208.2		
	NO_3^-	<0.1			负硬度（$CaCO_3$计）	103.5		
	NO_2^-	0.004 2	0.00	0.00	总碱度（$CaCO_3$计）	311.6		
	F^-	0.64	0.03	0.50	总酸度（$CaCO_3$计）			
	PO_4^{3-}	—			阴离子合成洗涤剂			
	总计	399.9	6.74	100.0	挥发性酚（以苯酚计）	—		
氨氮（以N计）		<0.02			氰化物			
硝酸盐（以N计）		—			硫化物			
亚硝酸盐（以N计）		—			碘化物		<0.05	
溴化物		—			总氮（以N计）			
pH		7.31			总α放射性/(Bq/L)	—		
色度（度）		<5			总β放射性/(Bq/L)	—		
浑浊度（NTU）		<0.5			电导率/(μS/cm)	520		
臭和味		无			菌落总数/(CFU/mL)			
肉眼可见物		无			总大肠菌群/(个/L)			
备注		水化学类型：$HCO_3^- - Ca^{2+} \cdot Na^+$						

河南省地质工程勘察院实验室

QRD63—2016

检　测　报　告

分析批号：051

送样单位：河南省郑州地质工程勘察院

送样日期：2020年11月11日

取样位置：息县张陶乡街村水厂

依据标准：GB/T 5750—2006

分析编号：S2012101249

客户编号：SY29

样品名称：水 样

样品数量：19组

离　子		(B)/(mg/L)	$c(1/zB^{z\pm})$/(mmol/L)	$x(1/zB^{z\pm})$/%	项　目	(B)/(mg/L)	项　目	(B)/(mg/L)
阳离子	K^+	0.43	0.01	0.17	溶解性总固体	334.2	铁	<0.025
	Na^+	39.87	1.73	26.56	游离CO_2	—	砷	<0.001
	Ca^{2+}	62.74	3.13	47.95	偏硅酸	33.7	硒	<0.000 4
	Mg^{2+}	20.08	1.65	25.31	耗氧量（以O_2计）	0.48	铬（六价）	<0.004
	NH_4^+	<0.02			溶解氧	—		
	合计	122.69	6.53	100.0	含沙量			
阴离子	Cl^-	28.57	0.81	12.07	化学耗氧量（COD）	—		
	SO_4^{2-}	9.59	0.20	2.99	五日生化需氧量（BOD_5）			
	HCO_3^-	342.0	5.61	83.96	总硬度（$CaCO_3$计）	220.2		
	CO_3^{2-}	<5			永久硬度（$CaCO_3$计）	0.0		
	OH^-	<2			暂时硬度（$CaCO_3$计）	220.2		
	NO_3^-	1.52	0.02	0.37	负硬度（$CaCO_3$计）	60.3		
	NO_2^-	0.048	0.00	0.02	总碱度（$CaCO_3$计）	280.5		
	F^-	0.75	0.04	0.59	总酸度（$CaCO_3$计）			
	PO_4^{3-}	—			阴离子合成洗涤剂			
	总计	382.5	6.68	100.0	挥发性酚（以苯酚计）	—		
氨氮（以N计）		<0.02			氰化物			
硝酸盐（以N计）		—			硫化物			
亚硝酸盐（以N计）		—			碘化物		<0.05	
溴化物		—			总氮（以N计）			
pH		7.32			总α放射性/(Bq/L)			
色度（度）		<5			总β放射性/(Bq/L)		—	
浑浊度（NTU）		<0.5			电导率/(μS/cm)		513	
臭和味		无			菌落总数/(CFU/mL)			
肉眼可见物		无			总大肠菌群/(个/L)			
备注		水化学类型：$HCO_3^- - Ca^{2+} \cdot Na^+ \cdot Mg^{2+}$						

河南省地质工程勘察院实验室

QRD63—2016

检 测 报 告

分析批号：051

送样单位：河南省郑州地质工程勘察院

送样日期：2020年11月11日

取样位置：息县彭店乡王庄村自来水厂

依据标准：GB/T 5750—2006

分析编号：S2012101250

客户编号：SY30

样品名称：水 样

样品数量：19组

离 子		(B)/(mg/L)	$c(1/zB^{z\pm})$ /(mmol/L)	$x(1/zB^{z\pm})$/%	项 目	(B)/(mg/L)	项 目	(B)/(mg/L)
阳离子	K^+	0.31	0.01	0.11	溶解性总固体	387.5	铁	<0.089
	Na^+	29.70	1.29	17.49	游离CO_2	—	砷	<0.001
	Ca^{2+}	85.39	4.26	57.68	偏硅酸	17.4	硒	<0.000 4
	Mg^{2+}	22.19	1.83	24.72	耗氧量（以O_2计）	1.05	铬（六价）	<0.004
	NH_4^+	<0.02			溶解氧	—		
	合计	137.3	7.39	100.0	含沙量			
阴离子	Cl^-	62.17	1.75	23.57	化学耗氧量（COD）	—		
	SO_4^{2-}	22.74	0.47	6.36	五日生化需氧量（BOD_5）			
	HCO_3^-	304.0	4.98	66.95	总硬度（$CaCO_3$计）	280.2		
	CO_3^{2-}	<5			永久硬度（$CaCO_3$计）	30.9		
	OH^-	<2			暂时硬度（$CaCO_3$计）	249.3		
	NO_3^-	12.76	0.21	2.77	负硬度（$CaCO_3$计）	0.0		
	NO_2^-	0.014	0.00	0.00	总碱度（$CaCO_3$计）	249.3		
	F^-	0.50	0.03	0.35	总酸度（$CaCO_3$计）			
	PO_4^{3-}	—			阴离子合成洗涤剂			
	总计	402.2	7.44	100.0	挥发性酚（以苯酚计）			
氨氮（以N计）		<0.02			氰化物			
硝酸盐（以N计）		—			硫化物	—		
亚硝酸盐（以N计）		—			碘化物	<0.05		
溴化物		—			总氮（以N计）			
pH		7.33			总α放射性/(Bq/L)	—		
色度（度）		<5			总β放射性/(Bq/L)	—		
浑浊度（NTU）		<0.5			电导率/(μS/cm)	606		
臭和味		无			菌落总数/(CFU/mL)			
肉眼可见物		无			总大肠菌群/(个/L)			
备注		水化学类型：HCO_3^-－Ca^{2+}						

河南省地质工程勘察院实验室

检测方法及依据

分析批号：051

检测日期：2020年11月11日

送样单位：河南省郑州地质工程勘察院

项目名称：信阳市第三次全国水资源调查评价中深层地下水调查评价

项目		检测方法依据	检查方法	检出限(B)
K^+	mg/L	GB/T 8538—2016	火焰原子吸收光谱法	0.05
Na^+	mg/L	GB/T 8538—2016	火焰原子吸收光谱法	0.01
Ca^{2+}	mg/L	GB/T 8538—2016	乙二胺四乙酸二钠滴定法	2.00
Mg^{2+}	mg/L	GB/T 8538—2016	乙二胺四乙酸二钠滴定法	1.00
NH_4^+	mg/L	GB/T 5750.5—2006	纳氏试剂分光光度法	0.02
Cl^-	mg/L	GB/T 5750.5—2006	硝酸银容量法	1.0
SO_4^{2-}	mg/L	DZ/T 0064.65—1993	比浊法	1.0
HCO_3^-	mg/L	DZ/T 0064.49—1993	滴定法	5.0
CO_3^{2-}	mg/L	DZ/T 0064.49—1993	滴定法	5.0
OH^-	mg/L	DZ/T 0064.49—1993	紫外分光光度法	2.0
NO_3^-	mg/L	GB/T 5750.5—2006	紫外分光光度法	0.5
NO_2^-	mg/L	GB/T 5750.5—2006	重氮偶合分光光度法	0.001
F^-	mg/L	GB/T 5750.5—2006	离子选择电极法	0.2
氨氮(以N计)	mg/L	GB/T 5750.5—2006	纳氏试剂分光光度法	0.02
pH	—	GB/T 5750.4—2006	玻璃电极法	0.01
溶解性总固体	mg/L	GB/T 5750.4—2006	称量法	5.0
偏硅酸	mg/L	GB/T 8538—2016	硅钼黄光谱法	1.0
耗氧量	mg/L	DZ/T 0064.68—1993	酸性高锰酸钾滴定法	0.4
总硬度	mg/L	GB/T 5750.4—2006	乙二胺四乙酸二钠滴定法	1.0
电导率	μS/cm	GB/T 5750.4—2006	电极法	0.01
碘化物	mg/L	GB/T 5750.5—2006	高浓度碘化物比色法	0.05

项目		检测方法依据	检查方法	检出限(B)
臭和味	—	GB/T 5750.4—2006	嗅气和尝味法	—
色度	度	GB/T 5750.4—2006	铂-钴标准比色法	5
浑浊度	NTU	GB/T 5750.4—2006	散射法——福尔马肼标准	0.5
肉眼可见物	—	GB/T 5750.4—2006	直接观察法	—
铁	mg/L	GB 8538—2016	原子吸收分光光度法	0.025
锰	mg/L	GB 8538—2016	原子吸收分光光度法	0.025
砷	mg/L	GB/T 5750.6—2006	氢化物原子荧光法	0.001
硒	mg/L	GB/T 5750.6—2006	氢化物原子荧光法	0.000 4
铬(六价)	mg/L	GB/T 5750.6—2006	二苯碳酰二肼分光光度法	0.004
镉	mg/L	GB/T 5750.6—2006	无火焰原子吸收分光光度法	0.000 5
—				

河南省地质工程勘察院实验室